# 좋은 균, 나쁜 균, 이상한 균

똑똑한 식물과 영리한 미생물의 밀고 당기는 공생 이야기

류충민 지음

플루토

# 머리말

어떤 동행은 인생의 한 부분이 된다.

오래전에 세균 한 마리가 있었다.

혼자였던 세균은 식물을 자신의 여행에 초대했다.

이후 식물과의 동행으로 세균은 식물의 한 부분이 된다.


생명체는 지구상에서 언제 생겨났을까? 지구의 역사를 45억 년으로 보면 20억 년 전에 최초의 생명체가 나타났고 10억 년 전에 다세포 생명체가 나타나기 시작했다고 한다. 6,600만 년 전 신생대에 다양한 생명체가 폭발적으로 탄생했는데, 대표적으로 속씨식물이 땅 위로 솟아났다.

지구의 생명체는 크게 세균이 속한 단세포생물(원핵생물), 곰팡이와 식물과 동물들이 포함된 다세포생물(진핵생물), 세균과는 다르고 진핵생물과는 유사한 원핵생물인 고세균, 이렇게 세 가지 도메인으로 나뉜다.

우리는 단세포생물인 세균(박테리아)과 다세포생물인 곰팡이, 생물인지 아닌지 구분하기가 여전히 애매한 바이러스, 이렇게 세 종류의 생물을 미생물이라고 부른다. 이들 미생물은 사람의 눈에 띄지 않을 정도로 작아 그 존재 이유까지 무시당하지만, 유구한 역사는 말할 것도 없고 지구의 생태계에서 담당하는 역할이 엄청나다.

식물은 다세포생물에 속하지만, 땅속에서 발견된 두 개의 다른 도메인인 단세포생물이나 고세균만큼이나 사람과는 다르게 느껴진다. 그러나 보잘 것 없어 보이는 길가의 잡초 하나도 우리 인류보다 훨씬 오랜 세월 동안 환경에 적응하며 살아남았음을 기억해야 한다.

미생물이든 식물이든, 모든 생물은 생존하기 위해 주위 환경에 적응해야 한다는 미션을 수행하고 있다. 미션에 실패한 결과는 멸종뿐이다. 미션에 실패하지 않기 위해 모든 생물은 머리를 굴리고, 다른 생물의 뒷통수를 치거나 절친이 되기도 한다. 생존을 위한 고난이도의 '머리싸움'은 인간 사회에만 있는 것이 아니다. 과학이 발전하면서 오랫동안 알려지지 않았던 자연의 생존 경기 양상이 속속 드러나고 있다. 이 책에서 내가 독자 여러분께 소개하는 식물과 미생물의 세계가 대표적이다. 때로는 친구처럼, 때로는 철천지원수처럼 복잡하고 이상한 관계를 보이는 식물과 미생물을 보고 있자면, 지구에서 가장 고등한 생물이라며 자화자찬을 늘어놓고 다른 생명체에 안하무인격 태도를 보이는 인간은 반드시 겸손해져야 한다는 생각이 든다.

식물은 지적 생물이다. 식물도 인간처럼 감각기관을 가지고 있고 외부 환경의 변화를 인식하여 적당히 반응하며, 새로운 것을 학습하고 다음 세대에 자신이 배운 것을 전달한다. 따라서 식물은 확실히 '지적'이라고 할 수 있다. 현재 식물학계에서는 식물의 다양한 지적 능력들을 발견하고 있으며, 이에 관해 많은 연구들을 진행하고 있다. 이 책에서도 식물의 지적 활동을 많이 다룬다.

물론 식물에게는 자신의 기억을 문자로 기록하여 다음 세대에 전수하는 기능은 없다. 하지만 이것도 후성유전학을 조금이라도 이해한다면 100퍼센트 없다고 말하기 힘들다. 후성유전학의 내용을 쉽게 설명하면, 어떤 정보가 DNA의 돌연변이를 통해 오랫동안 세대를 거치면서 유전되는 것이 아니라 살아가는 동안 겪는 여러 경험 중에서 쓸 만한 정보가 유전자의 변형

없이 다음 세대에 재빨리 전달되는 것이다. 여기서 핵심은 '기억'과 '기록'이다. 후성유전학에 따르면 식물은 기억하고 기록할 수 있다. 그것도 자신의 세포 속에 말이다.

식물의 감각은 또 어떤가? 식물에도 감각이 있나 하고 의아할 수도 있겠다. 식물도 빛을 인지하고 반응한다. 해바라기가 빛을 인식하여 자기 몸을 움직이는 것처럼 말이다. 설사 우리가 식물의 감각을 설명할 수 없다 하더라도 식물이 오랜 세월 아무 반응도 없이 바보처럼 살아왔다고 생각하는 것은 말 그대로 바보 같은 생각이다. 다양한 환경 변화에 적응하지 못한 생명체는 오래 살아남지 못한다는 사실은 화석만 봐도 알 수 있지 않은가. 우리는 평소 '식물인간', '식물국회' 같은 말을 많이 쓰는데, 이 말에는 식물은 아무것도 하지 못하고 아무 반응도 하지 않는 존재라는 의미가 담겨 있다. 다양한 감각기관을 통해 환경에 반응할 수 있고 환경의 변화를 인식하여 반응하고 학습하고 기억해 다음 세대에 전달할 능력이 있는 식물에게 반응성 없는 무능함을 가리키는 '식물'이란 단어는 억울한 표현이다. 지금은 많은 과학자들이 식물의 지적 능력을 인정하고 연구하고 있으며, 식물의 뇌도 SF 영화에나 나오는 이야기가 아니다.

이 책은 식물의 지적 능력 중 외부 자극에 대한 대응을 다루며, 이것을 가능하게 한 미생물과의 오랜 동행을 소개한다. 그런데 언뜻 식물이 주인공인 듯 보이지만 조금 더 들여다보면 진짜 주인공은 미생물이다. 최근 생물학계에 일고 있는 큰 흐름 중 하나는 살아 있는 유기체와 미생물의 관계를 하나의 커다란, 또 다른 형태의 유기체super-organism로 보려는 것이다. 홀로바이옴holobiome 개념도 제법 널리 알려져 있다. 장 속 유산균처럼 사람의 몸속에 사는 전체 미생물들을 말하며, 체내 미생물의 종류와 수가 그 사람의 건강과

정서에 엄청나게 영향을 주기 때문에 사람과 미생물은 한몸이나 마찬가지라고 여기는 개념이다. 여기에 생명체에 존재하는 모든 미생물을 통칭해 마이크로바이옴microbiome이라고 부른다. 이들의 숫자는 인간의 경우 인간 세포보다 열 배나 많다고 한다.

미생물은 지구상에 등장한 지 가장 오래된 생명체이기도 하거니와 지구에서 미생물이 존재하지 않는 곳을 찾기란 거의 불가능하다. 과학자들은 미생물이 먼저 나타났고, 이후 지구상에 나타난 생물이 자연스럽게 미생물과 같이 살아가는 방법을 터득했다고 설명한다. 그러므로 미생물 없는 식물은 존재할 수 없다는 데 많은 식물학자들이 동의한다. 강력한 항생제와 최신 살균기술로 모든 미생물을 제거한 식물을 만들면 그 식물은 제대로 자라지 못한다. 미생물이 제거된 세상은 동물에게는 좀더 치명적인데, 동물의 가장 작은 형태인 곤충은 몸 안에 살고 있는 세균을 모두 죽이면 변태가 일어나지 않아 결국 죽는다. 무균쥐도 장기가 제대로 발육하지 않고 환경에 민감해져 수명이 짧아진다. 그나마 완벽하게 미생물을 제거한 생물을 만드는 기술은 아직 존재하지 않는다. 무균상태라고 여겨지는 우주에서도 재배하는 식물이 곰팡이에 오염되어 큰 문제가 되었다고 나사NASA와 러시아의 미르 우주정거장에서 보고한 적이 있다.

아놀드 토인비는 인간의 역사는 '도전과 응전'의 결과물이라고 말했는데, 식물도 그렇다. 식물은 지금까지 생존해오면서 다양한 환경적·생물학적 어려움들과 맞닥뜨렸다. 지구는 한없이 뜨거웠던 적도 있고, 운석이 떨어져서 추워진 적도 있고, 해수면의 높이가 육지가 물속에 잠길 정도로 높아졌던 적도 있다. 또한 식물은 수없이 많은 생물들의 공격을 받아왔는데, 이들 중에는 동종인 식물체(기생식물)까지 포함된다. 다행스럽게도 이 많은 어려움을 이겨낸 식물이 지금 우리 곁에 있다. 때로는 사랑스럽고 때로는 증오스러운 미생물과 함께 말이다.

이 책은 이러한 식물과 미생물에 대한 나의 연구 여행이자 동료 과학자들의 연구 여행을 담은 일종의 기행문이다. 식물과 미생물의 여행길을 밝히기 위해 나와 함께 연구를 진행한 여러 교수님과 동료들, 2004년에 나만의 실험실을 만든 후 지금까지 같이 지낸 실험실 친구들에게 감사의 말을 전한다. 이들이 없었다면 지금의 나는 존재할 수 없었다. 그리고 이 책이 나올 때까지 매달 마감일을 어기는 나를 참고 기다려준 플루토 박남주 대표에게 무한한 감사를 드린다. 박남주 대표의 인내와 추진력이 아니었다면 지금 이 책은 아직 내 머릿속에만 존재했을 것이다. 나에게 과학적 영감을 주시고 인생의 폭을 넓혀주신 진주에 계신 부모님, 은퇴 후 제2의 인생을 즐기고 계신 박창석 교수님과 미국의 조셉 클로퍼 교수님, 책에 대한 내용을 계속해서 피드백해준 아내, 사랑하는 아들 달두와 딸 자두에게도 고마운 마음을 전한다.

# 차례

# 1

# 미생물 교실 101

이 장의 제목에 붙은 101은 몇 년 전에 화제가 된 TV 서바이벌 오디션 프로그램과 무관하다. 여기서의 101은 미국 대학에서 수업 난이도를 표시할 때 사용하는 숫자다. 보통은 1학년 신입생이 듣는 과목에 '101'을 붙이기 때문에 학년이 올라갈수록 앞자리 숫자가 커진다. 이미 눈치챘을지도 모르지만 이 장은 앞으로 우리가 식물과 미생물의 대화(상호작용)를 살펴보기 전에 미생물에 대한 기본적인 이해를 높이기 위해 마련했다. 초등학교나 중학교 생물 시간에 배운 미생물에 대한 기억을 떠올리며 읽으면 좋을 것이다. 혹 떠오르지 않더라도 걱정 마시라. 이 부분만 다 읽으면 미생물의 '미' 자도 몰라도 '식물과 미생물의 대화'라는 탐험에 충분한 기초는 다지고 출발할 수 있으니 말이다. 게다가 앞으로 이 책 곳곳에서 미생물에 대해 조금씩 설명할 테니 마음 놓고 출발하기 바란다. 참고로 미생물의 '미微'는 '작다'는 뜻이다.

# 너무 작아, 미생물!

미생물微生物은 우리의 눈으로 볼 수 없는, 작아도 너무 작은 생명체를 가리키며, 크게 세균(박테리아), 곰팡이(진균), 바이러스로 나뉜다. 여기에 현미경으로 볼 수 있는 선충이 포함되기도 한다. 이 가운데 우리에게 가장 익숙한 미생물은 곰팡이다. 일상생활에서도 자주 볼 수 있는데, 음식을 오래 놔두면 표면에 생기는 곰팡이가 가장 흔한 형태다. 생명체가 죽은 후 썩을 때 곰팡이가 피어오르는 것도 자연스러운 현상이다.

세균도 이와 비슷한 작용을 하는데 곰팡이처럼 눈에 보이지는 않는다. 그 대신 세균은 냄새로 말한다. 미처 다 못 먹고 오랫동안 놔둔 상추나 배추가 검게 변하면서 잎사귀들이 녹아 물처럼 흘러내리는 것을 본 적이 있을 것이다. 이때 좋지 않은 냄새도 많이 나는데, 이런 일은 대부분 세균이 한다.

미생물 중 나머지 하나인 바이러스는 단순하게 설명하기 쉽지 않은 친구다. 생물학자들은 바이러스를 생물에 포함시키는 게 맞는지를 두고 지금도 논란을 벌인다. 왜냐하면 나노 크기로 너무 작은 바이러스는 스스로 번식과 증식을 하지 못해 곰팡이나 세균, 동물이나 식물 속에 기생해야만 살 수 있기 때문이다.

미생물을 크기로 보면 곰팡이가 제일 크고, 그다음이 세균, 제일 작은 미생물이 바이러스다. 세균의 크기는 1~수 마이크로미터㎛ 정도다. 1미터의 1,000분의 1이 1밀리미터고, 1밀리미터의 1,000분의 1이 1마이크로미터다. 1미터의 100만 분의 1이나 되므로 감이 잘 오지 않을 것이다. 상상력을 발휘해보자.

머릿속에 축구공을 그려보자. 그 위에 곰팡이, 세균, 바이러스가 한가롭게 앉아 있다. 이제 축구공을 확대해보자! 이때 지구 크기 정도로 확대해야 미생물을 맨눈으로 볼 수 있다. 축구공의 크기가 지구 정도 되면 지구에 있는 평범한 축구공의 크기가 바이러스의 크기 정도 된다. 바이러스보다 크기가 큰 세균은 축구 골대보다 약간 클 것이고, 곰팡이는 축구 경기장 정도일 것이다. 미생물의 크기에 대해 감이 잘 오시는지….

세균이니 곰팡이니 바이러스니, 벌써부터 머리가 아파질지도 모르겠다. 그렇지만 지금 이해가 되지 않는다고 너무 걱정할 필요는 없다. 이 세 가지 미생물은 앞으로 두고두고 다루게 될 테니 말이다.

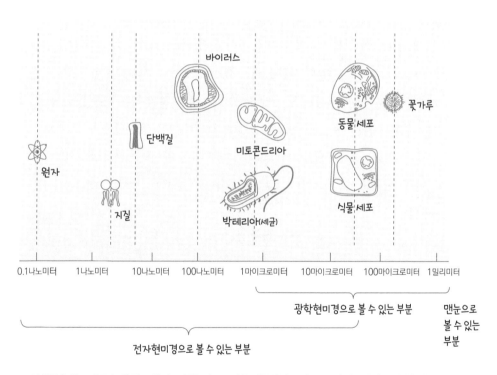

미생물은 말 그대로 눈에 잘 보이지도 않을 정도로 작은 생물이다 보니 그 존재 이유까지 무시당한다.

# 미생물이 없으면 인간도 없다

　미생물은 말 그대로 눈에 보이지도 않을 정도로 작다 보니 가끔은 그 존재 이유까지 무시당하고는 한다. 하지만 정말 그럴까? 만약 지구상에 미생물이 없다면 어떤 일이 일어날까?

　제일 먼저 각종 유기물이 썩지 않는다. 물론 냄새가 나지 않아 좋기야 하겠지만, 지구에는 유기물이 계속 쌓이게 되어 쓰레기, 특히 썩지도 않고 쌓이기만 하는 음식물 쓰레기 속에서 살아야 할 것이다.

　미생물이 사라진 환경은 우리 몸에도 중요한 영향을 미친다. 우리가 먹은 음식물은 장에서 분해되고, 우리는 분해된 음식물에서 필요한 영양분을 얻는다. 우리 몸 안에서 분해작용을 하는 것이 미생물이다. 미생물이 없다면 이러한 분해작용이 일어나지 않기 때문에 음식물을 먹어도 영양분을 많이 얻을 수 없고, 굉장히 많은 음식을 먹어야 겨우 필요한 영양분을 얻을 수 있다. 미생물은 우리의 기분에도 영향을 미친다. 장내 미생물은 세로토닌처럼 인간의 감정에 영향을 미치는 호르몬을 생산하는 데도 영향을 준다. 미생물이 없다면 우리 인류는 감정적으로 훨씬 예민해지고 감정을 조절하지 못해 서로 많이 싸울 것이다.

　미생물은 농사에도 큰 영향을 미친다. 물론 농작물이 미생물 때문에 생기는 병에 시달릴 일이 없을 테니 그건 좋은 일이다. 하지만 토양 속에서 유기물을 분해해 영양분을 제공하는 미생물이 없기 때문에 비료를 끊임없이 뿌려줘야 한다. 더욱이 이 비료도 분해가 안 돼 토양이 오염되고 바다가 부영양화하여 큰 재난이 닥칠 것이다.

　강과 바다에 미생물이 없다면 바다는 거대한 쓰레기장으로 변하고 염분의 농도가 계속해서 올라가 결국 모든 생명체는 멸종한다. 그리고 바다 표면에서 이산화탄소를 흡수하던 미생물이 없으므로 지구 대기의 온도도 계속해서 상승한다.

보이지 않는 탓에 없어도 되는 것처럼 생각되는 미생물이지만, 지구 생물의 유기물 분해에서부터 이산화탄소 고정*까지 상상도 안 되는 수많은 역할을 아주 오래전부터 지금까지 책임지고 있다.

## 미생물의 정체를 밝혀라!

인류는 미생물을 언제부터 어떻게 알게 되었을까? 제대로 설명하려면 몇 권의 두툼한 책이 필요하지만 여기서는 미생물 연구에 커다란 획을 그은 연구자들을 간단히 소개하겠다.** 우리가 '처음'을 중요하게 생각하는 이유는 시작이 가장 힘들고, 이후 많은 이들이 밟고 갈 디딤돌이 되기 때문이다. 그렇기 때문에 달에 처음 발자국을 찍은 사람, 대서양을 처음 건넌 사람, 증기기관을 처음 만든 사람, 휴대폰을 처음 발명한 사람 등이 역사에서 중요한 인물로 대접받고 있는 것이다.

---

* 생물이 이산화탄소를 흡수하여 유기물로 전환시키는 것을 뜻한다.
** 미생물 연구에 관심 있다면 《미생물 사냥꾼》(폴 드 크루이프 지음, 이미리나 옮김, 반니, 2017) 이란 책을 권한다.

## 미생물의 아버지 레이우엔훅

미생물을 눈으로 처음 관찰한 사람은 네덜란드의 안토니 판 레이우엔훅 Antonie van Leeuwenhoek이다. 그는 열여섯 살에 정규 교육을 그만두고 암스테르담에 있는 포목점에서 견습공으로 일하다가 자신의 포목점을 열었다. 이후 마흔이 된 레이우엔훅은 유리 렌즈를 이용하면 맨눈으로 볼 때보다 물체를 더 크게 볼 수 있다는 사실을 알았다. 그는 렌즈를 연마하기 위해 연금술사와 약제사를 찾아다니다가 스스로 렌즈 연마법을 터득했고, 주위에 있는 모든 것을 이 렌즈를 통해 관찰하기 시작했다. 이후 레이우엔훅은 영국 왕립학회의 초청을 받아 자신의 다양한 발견에 대해 보고할 기회를 얻는다. 당시 영국 왕립학회에서는 화학의 창시자 로버트 보일과 근대과학의 아버지인 아이작 뉴턴이 회원으로 활동하고 있었다. 사람들은 레이우엔훅의 발표를 듣고 맨눈에 보이는 세계 말고도 우리 눈에 보이지 않는 또 다른 세계가

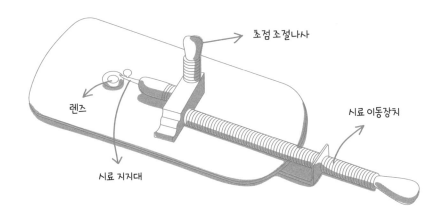

초점 조절나사

렌즈

시료 이동장치

시료 지지대

17세기 후반에 레이우엔훅이 개발한 현미경

존재하며, 그 세계에서 뭔가 엄청난 일이 일어나고 있음을 감지했다. 하지만 당시 사회는 매우 종교적이었기 때문에 이에 대한 반발도 적지 않았다.

노년에도 계속 포목점을 운영한 레이우엔훅은 세상을 가득 채운 작은 생명체에 대한 호기심을 놓지 않았다. 그는 다양한 현미경을 만들어 원하는 과학자들에게 제공하면서 보이지 않는 세계를 볼 수 있는 중요한 계기를 만들었다.

말년의 레이우엔훅은 질병의 원인을 찾는 데도 관심을 기울였다. 당시만 해도 사람들은 질병이 신의 저주 때문에 생긴다고 생각했는데, 그는 병자들의 핏속에 있는 혈구가 건강한 사람들의 혈구와 다를 것이라고 생각했다. 입속에서 질병의 원인을 찾으려고 거듭 시도하던 그는 어금니에서 미생물을 최초로 관찰했다. 그는 "놀랍게도 나는 믿을 수 없을 정도로 많은 수의 작은 동물들을 보았다"라고 일기장에 적었다. 하지만 이 미생물이 인간의 다양한 질병의 원인이라는 사실은 알지 못하고 죽었다.

## 미생물이 병을 일으킨다는 것을 밝힌 파스퇴르

다음으로 살펴볼 사람은 우리나라에서는 우유 이름으로 더 잘 알려진 프랑스의 미생물학자 루이 파스퇴르Louis Pasteur다. 많은 사람들이 파스퇴르를 미생물학자로 알고 있지만, 사실 그는 화학자로 과학자로서의 삶을 시작했다. 화학에서는 거울상구조로 알려진 이성질체의 개념을 중요하게 여긴다. 어떤 화학 분자가 분자량은 같은데 구조가 다른 경우가 있다. 3차원 구조가 다르기 때문이다. 이러한 분자로 이루어진 화학물질을 이성질체라고 하는데, 이를 처음으로 밝혀낸 사람이 파스퇴르다. 나는 몇 년 전 프랑스 파리 중심가에 있는 파스퇴르연구소를 방문해 파스퇴르가 연구했던 실험실과 그 지하에 있는 파스퇴르의 묘지를 직접 보기도 했다. 당시의 흥분이 아직도 생생하다. 파리를 방문할 기회가 있다면 꼭 가보시길.

파스퇴르의 위대한 업적 중 하나는 백조목Swan-neck flask, 백조목 모양의 유리관 실험을 통해 '미생물이 유기물을 썩게 할 수 있다'는 가설이 사실임을 최초로 증명한 것이다. 당시 과학자들도 미생물이란 게 있다는 것은 알고 있었지만 그것이 어떤 역할을 하는지에 대해서는 알지 못했다. 파스퇴르는 끓인 고깃국물에는 미생물이 없어 상하지 않지만, 공기에 노출된 고깃국물은 공기 중에 있는 미생물 때문에 상한다는 사실을 증명하여 세계적인 과학자의 반열에 올랐다.

무엇보다 파스퇴르가 미생물 연구에 가장 큰 족적을 남길 수 있었던 이유는 백신vaccine*이 실제로 병을 막을 수 있다는 것을 실험으로 증명했기 때문이다. 파스퇴르는 양에게 탄저균 백신을 주사한 후 탄저균을 접종**하여 면역효과를 확인했다. 생명체가 면역력을 이용해 병원균을 막을 수 있음을 발견한 것은 위대한 업적이다. 지금 우리 팔에 있는 어릴 적 맞은 주삿바늘의 흔적은 파스퇴르가 발견한 백신 때문에 생긴 것이다. 백신은 몸의 면역을 증가시켜 치명적인 병원균의 공격으로부터 우리를 보호하도록 한다. 파스퇴르의 발견은 단순히 미생물의 존재를 아는 것을 넘어서 인간이 미생물의

---

* 백신작용이란 원래는 동물에서 병원균에 대해 항체를 만들어 면역성을 갖게 하는 작업을 말한다. 식물에는 항체를 만드는 작용이 없지만 약독 바이러스나 비병원성 세균에 의해 항체와 비슷한 저항성반응이 일어난다. 사람이 백신 주사를 맞으면 병에 걸리지 않는 것에 이를 빗대어 식물 백신이라고 부른다.
** 보통 병을 예방하기 위해 병원균을 사람 등 동물의 몸에 주입하는 것을 말하며, 식물의 경우 식물 병원성 세균을 액체 배지에 키운 후 주사기에 넣어서 식물의 잎 조직에 넣는 행위를 말한다. 접종은 이밖에도 식물에 병을 일으키기 위해 병원균을 처리하는 모든 과정을 일컫기도 한다.

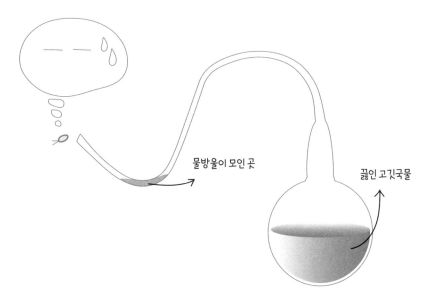

물방울이 모인 곳

끓인 고깃국물

공기는 관을 통과할 수 있지만 공기 중 미생물은 물방울에 갇히기 때문에 통과하지 못하므로 고깃국물은 상하지 않는다.

공격을 역이용해 자신을 보호할 수 있음을 보여준 최초의 예다.

파스퇴르의 또 다른 업적은 광견병 백신을 개발한 것이다. 그는 이 백신으로 러시아 공주를 치료해 막대한 돈을 받았는데, 이 돈으로 파리 시내 중심가에 자신의 이름을 딴 파스퇴르연구소를 세우고 평생 인간의 병을 막기 위한 연구에 매진했다. 파스퇴르연구소의 연구원들은 지금도 지구상에 전염병이 생기면 제일 먼저 그곳으로 찾아가 병원균을 연구하고 있다. 그래서 아프리카에서 에볼라 바이러스가 일으키는 에볼라 출혈열이 발생했을 때 제일 먼저 뛰어가 문제를 해결하기도 했지만, 연구원 몇 명은 에볼라 바이러스에 감염돼 다시 파리로 돌아가지 못한 안타까운 일이 벌어지기도 했다.

## '코흐의 가설'을 만든 코흐

병원균과 기주Host*의 상호작용을 연구하는 사람이라면 반드시 알아야 하는 가설이 하나 있다. 바로 '코흐의 가설'이다. 코흐의 가설이란 어떤 미생물이 어떤 병을 일으킨다는 것을 밝히는 데 필요한 조건들을 가리킨다. 지금은 너무나 간단하고 당연한 생각이지만, 파스퇴르가 살던 시기에는 매우 획기적인 생각이었다.

로베르트 코흐Robert Koch도 파스퇴르와 마찬가지로 미생물이 사람에게 병을 일으킬 수 있는지를 연구한 독일의 과학자다. 하지만 그는 파스퇴르만큼 쇼맨십이 있는 외향적인 사람은 아니었다. 그는 그저 자신의 방에서 홀로 레이우엔훅이 개발한 현미경으로 병든 동물과 사람의 조직을 관찰하기를 좋아하는 조용한 과학자였다. 의사였던 코흐는 병으로 고통받는 환자들을 보면서 그 병의 원인이 무엇인지 궁금했다. 연구 끝에 그는 파스퇴르가 탄저균 백신을 개발하기 전에 탄저균이라는 세균이 동물을 죽일 수 있음을 과학적으로 증명했다. 여기서 성립한 것이 코흐의 가설인데, 주요 내용은 다음과 같다.

**1** 병징이 있는 곳에서 병원균을 순수하게 분리할 수 있어야 한다(순수분리pure culture).**

**2** 순수분리된 병원균을 기주에 접종했을 때 동일한 병징이 관찰되어야 한다.

**3** 그 동일한 병징으로부터 처음에 분리했던 병원균이 다시 분리되어야 한다.

---

\* 병원균이 병을 일으키는 대상이 되는 생명체를 가리킨다. 숙주라고도 한다.
\*\* 병징이 나타나는 곳에는 원인 병원균을 포함해 다양한 미생물이 섞여 있다. 그러므로 여기서 한 종류의 미생물을 골라내 병을 실제로 일으키는지 알아내야 한다. 순수분리란 이렇게 섞여 있는 여러 미생물 가운데 한 종류를 골라내는 작업을 말한다.

로베르트 코흐

　어떻게 보면 너무나도 당연한 이야기 아닌가? 그럼에도 당시에는 획기적인 가설이었고, 지금도 어떤 병원성 미생물이 질병의 원인이라는 걸 증명하려면 이 가설을 따라야 한다. 코흐 역시 이 가설에 따라 탄저병에 걸린 쥐에서 탄저균의 원인 세균을 분리해내고 현미경으로 확인한 다음, 건강한 쥐에게 주입하여 탄저균의 병징(죽음)을 확인했다. 그리고 죽은 쥐로부터 다시 원인 세균을 분리해냈다.

　이 실험은 동시대에 같은 문제로 고민하면서 병원균을 순수분리하지 못해 고생하던 파스퇴르를 화나게 했다. 하지만 코흐의 실험은 철저히 과학적 논리에 기초하고 있었기 때문에 파스퇴르도 어쩔 수 없이 코흐의 가설을 받아들였다. 코흐는 병이란 신의 저주라고 여기던 시대에 질병이 미생물에 의해 일어난다는 것을 최초로 증명하여 질병 연구의 패러다임을 바꿨다.

## 유산균 음료의 광고 모델이 된 메치니코프

19세기 중엽은 미생물에 관한 위대한 발견들이 줄을 이은 시대였다. 1846년 러시아 남부에서 천재적인 미생물학자가 태어났는데, 바로 일리야 메치니코프<sup>Ilya Mechnikov</sup>다. 그는 10대 때 과학 논문을 발표했고, 현미경으로 곤충을 관찰하다가 새로운 종을 발견해 논문을 쓰기도 했다. 메치니코프는 20대 중반까지는 미생물에 대해 잘 몰랐다. 그러다가 아내가 폐병에 걸려 고생하자 그 원인을 찾다가 미생물에 관심을 기울이게 되었다. 메치니코프는 러시아인이었지만 이탈리아 등 유럽 여러 나라를 다니며 미생물 연구에 몰두했다.

메치니코프의 대표적인 업적은 백혈구의 일종인 대식세포\*를 발견한 것이다. 그는 이 발견으로 노벨상까지 받았다. 메치니코프는 불가사리를 연구하던 중 특별한 세포가 세균을 잡아먹는 현상을 관찰하고 우리 몸속에 있는 백혈구가 병을 어떻게 막아내는지 알게 되었다. 다른 미생물 연구자들이 미생물 자체에 관심을 가졌다면 메치니코프는 반대로 미생물에 반응하는 기주의 세포에 관심을 기울였다. 그러나 대식세포의 기능은 발견했어도, 대식세포가 있음에도 병원균이 기주에서 어떻게 살아 있으며 증식까지 해서 병을 일으킬 수 있는지에 대해서는 답하기가 어려웠다.

메치니코프는 코흐에게 배우고 싶었지만 거절당해 어쩔 수 없이 프랑스의 파스퇴르연구소에서 대식세포의 수수께끼를 풀기 위한 연구에 매진했다. 그러고는 마침내 병원균 가운데 대식세포의 공격에도 살아남을 수 있는 특별한 세균이 존재한다는 사실을 발견했다. 이 특별한 세균이 우리 몸속에

---

\* 동물에만 존재하는 세포로서 병원균이 몸 안에 들어오면 이것을 감싸서 세포 안쪽으로 끌고 들어간 후 병원균을 죽이는 물질을 집어넣어 제거한다.

살아남아 증식하고 병까지 일으키는 것이다. 세포가 세균을 먹는다는 사실도 받아들이기 힘들었던 시대에 이 공격을 막아내는 세균이 있다는 것을 발견한 것은 대단한 업적이다.

메치니코프는 말년에 인간은 왜 늙고 죽는가에 관심을 가지고 연구하여 노인학Gerontology이라는 학문 분야를 개척했다. 그는 장수 마을에 사는 사람들을 대상으로 노화와 죽음에 대한 연구를 진행하다가 그들이 즐겨 먹는 발효 음료 속 유산균이 생명을 연장시킨다는 사실을 알게 되었다. 이 균이 우리에게는 유산균 음료로 잘 알려진 불가리아균(락토바실러스 불가리쿠스Lactobacillus bulgaricus)이다. 이후 메치니코프는 불가리아균이 들어 있는 발효음료를 마시며 외부의 세균으로부터 자신을 철저히 보호하면서 살았다고 한다.

## 아일랜드 기근의 원인을 찾은 데 바리

지금까지 소개한 과학자들이 미생물이 어떻게 인간이나 다른 동물에게 병을 일으키는가에 대해 연구했다면, 이제 소개할 과학자는 이런 미생물이 어떻게 식물에도 병을 일으킬 수 있는지에 대해 답을 찾으려 했다.

여기에는 역사적으로 암담했던 사건이 있다. 메치니코프가 태어나기 1년 전인 1845년, 영국 옆에 있는 작은 나라 아일랜드에서 대기근이 발생했다. 전체 인구 800만 명 중 200만 명이 굶어 죽거나 다른 나라(대부분 미국)로 이주하는 비극이 일어났다. 이 기근의 원인은 감자역병이라는 식물병이었다. 당시 아일랜드 사람들의 주식은 감자였는데 이 병이 아일랜드 전역의 감자를 습격했다. 3년 동안 감자역병이 유행한 결과 식량이 부족해 많은 사람들이 굶어 죽었지만 이웃 나라인 영국은 도와주지 않았다. 아일랜드 사람들은 미국을 비롯한 다른 나라들의 도움으로 겨우 목숨을 부지하는 상황이었다.

이 때문에 많은 아일랜드 사람들이 죽음을 각오하고 메이플라워 호 같은 배를 타고 미국으로 이주했다. 그나마 대부분은 이주하는 과정에서 전염병으로 죽고, 미국에 도착한 나머지 사람들도 농작물을 수확할 때까지 견디지 못하고 죽는 경우가 많았다. 당시 겨우 살아남은 아일랜드 사람들이 북아메리카 원주민들이 나눠준 옥수수와 들에서 잡은 칠면조, 농사지은 감자 등을 가지고 신에게 감사드렸던 가을철 행사가 추수감사절의 시초다.

1861년 독일의 식물학자 하인리히 안톤 데 바리$^{Heinrich\ Anton\ de\ Bary}$가 최초로 이 감자역병의 원인균을 밝혀낸다. 감자역병의 원인균은 사람 등 동물에 병을 일으키는 둥글거나 막대기 모양의 단세포인 세균과는 전혀 다른 형태였다. 투명하고 길쭉한 실 모양의 구조 중간 중간에 풍선처럼 둥근 덩어리들이 붙어 있었다. 특이한 점은 크기가 세균보다 10~100배 정도 컸다는 점이었다. 더욱 신기한 것은 이 균을 시원한 곳에서 분리하면 둥근 공 모양의 덩어리들에서 빠르게 움직이는 이상한 형태의 생명체가 생겨나는 것이 보였다. 정말 이해가 되지 않는 생명체였다. 데 바리는 처음에는 이 둥근 덩어리와 그 속에서 빠르게 움직이는 생명체가 서로 다른 생명체라고 생각했다. 하지만 나중에 이 둘이 하나의 생명체로부터 만들어지는 다양한 구조 중 하나라는 사실이 밝혀졌다.

감자역병균의 이름은 파이토프토라 인페스탄스$^{Phytophthora\ infestance}$인데, '식물의 절대적인 파괴자'라는 뜻이다. 이름 속에 그 정체가 다 들어 있는 셈이다. 내가 학부에서 공부할 때만 해도 이 균은 곰팡이에 속한다고 배웠다(균속에 곰팡이, 세균, 바이러스가 포함된다). 하지만 지금은 곰팡이가 아니라, 녹조를 일으켜서 유명해진 조류(클로렐라가 여기에 포함된다)와 비슷한 생명체로

아일랜드 더블린에는 대기근 추모상이 있다.(ⒸRon Cogsweil)

분류된다. 감자역병균은 물이 있어야 생장이 잘되고 유주자$^{zoospore}$라고 하는 특이한 구조의 포자를 만드는데, 유주자는 물속에서 세균보다 훨씬 빨리 움직일 수 있다. 현미경으로 보면 그 움직임을 따라갈 수 없을 만큼 빠르다.

데 바리와 그의 제자들은 감자역병균 연구를 계기로 식물병리학이라는 새로운 학문 분야를 개척했다. 식물병에 의한 대규모 기근이 전 세계적으로 일어나면서 사람들은 미생물에 의한 동물병뿐 아니라 식물병 또한 인간의 생존에 얼마나 커다란 영향을 끼치는지 알게 되었다. 이후 전 세계적으로 많은 학자들이 식물병리학이라는 학문에 집중하게 되었고, 지금은 국가적 차원에서 식물병을 연구하고 있다. 앞으로 이 책에서 소개할 대부분의 이야기는 이 식물병리학의 범주에 속한다.

## 초대받지 않은 손님을 막아라!

이탈리아의 베네치아는 물의 도시로 불리며 많은 관광객이 찾는 곳이다. 흑사병이 창궐하던 중세에는 이곳으로 들어오는 배를 40일 동안 바다에 세워두고 선원들이 병이 나지 않는 것이 확인될 때만 항구에 들어올 수 있었다. 이것이 검역의 시초다. 검역을 뜻하는 quarantine은 이탈리아어로 40을 의미하는 단어에서 유래됐다. 검역이란 전염병이나 해충 등이 외국으로부터 들어오는 것을 막기 위한 온갖 조치를 말하며 일반 사람들에게도 낯설지 않다. 씨앗이나 생과일, 가공육류 등을 외국에서 우리나라로 들여올 수 없게 제한하거나 공항이나 항구에서 구제역을 막기 위해 소독발판을 밟고 지나가게 하는 등의 활동이 검역에 포함된다. 지금처럼 지구촌의 모든 나라가 활발하게 왕래하고 있는 상황에서 검역의 중요성은 아무리 강조하고 또 해도 부족하지 않다. 그런데 검역에 대해 다른 관점에서 생각해볼 수도 있다.

아일랜드를 휩쓴 감자역병은 아일랜드라는 한정된 공간에서 감자라는 한정된 식물만 재배했기 때문에 발생한 문제였다. 만약 아일랜드에서 다양한 작물과 감자 품종을 재배했다면 이야기는 달라졌을 것이다. 결국 아일랜드 대기근은 인간의 욕심이 빚어낸 인재였다. 비슷한 일들이 국가 간에 무역을 하다가도 일어나는데, 남미의 불개미가 미국에 전파되어 미국 전역이 고통받게 된 적이 있다. 남미에는 불개미의 천적이 존재하지만 미국에는 불개미의 천적이 없기 때문에 불개미들이 급속하게 불어났다. 이런 현상을 가리켜 생태학적 진공상태ecological vacuum에 빠졌다고 한다.

비슷한 예들이 미국에서만도 여러 번 일어났다. 미국 도시의 가로수 가운데 가장 멋있는 나무는 느릅나무였다. 50년 전만 해도 미국 어디에서나 느릅나무가 멋지게 자라고 있었다. 하지만 언제인가 네덜란드에서 수입된 나무에 묻어온 한 종류의 곰팡이 때문에 미국 전역의 느릅나무가 전멸해버렸다. 지금은 미국 어디에서도 느릅나무를 볼 수 없다. 이 병을 네덜란드느릅나무병이라고 부른다. 다른 비슷한 경우가 미국밤나무의 전멸이다. 100년 전만 해도 미국 산야에는 밤나무가 매우 많았다. 하지만 갑자기 나타난 병 때문에 미국 전역에 있는 밤나무가 전멸했고, 밤을 주식으로 하는 다람쥐 같은 작은 동물이 굶어 죽었다. 이 사태는 작은 동물을 먹고 사는 큰 동물에게까지 영향을 미쳐 생태계가 크게 혼란해졌다.

미국뿐 아니라 우리나라에도 비슷한 사례가 있다. 1988년 부산에서 처음으로 발생한 소나무재선충병이 대표적이다. 솔수염하늘소에 기생해 사는 선충인 소나무재선충의 원충(사실 선충의 몸속에 있는 세균이 병의 실제 원인균이라는 이야기도 있다)이 일으키는 이 병은 남부지방에서 시작해 이제는 전국의 소나무들을 서서히 죽이고 있다. 이 병은 이웃 나라 일본에서 유입되었는데, 현재 일본에서는 이 문제를 해결하기 위해 자연에 모든 것을 맡기고 스스로 회복되기를 기다리고 있다고 한다. 이 모든 것이 생태학적 진공상태에서 비롯된 것이기 때문이다. 반면 우리나라에서는 천문학적인 비용을 쏟아부어 소나무재선충과의 전쟁에 나서고 있다. 이 사태는 우리나라와 가까이 있는 일본에서 이 병이 발생했을 때 좀더 신중하게 검사하고 대비했어야 했다는 뼈아픈 교훈을 남겼다. 소나무재선충과의 전쟁은 지금도 한창 진행 중이다. 식물 검역의 중요성을 다시 한 번 느끼게 해주는 사례다.

여기서 '미생물 교실 101'을 마무리지으려고 한다. 이해가 잘 되지 않는다고 부담 가질 필요는 없다. 앞으로도 계속 설명할 테니 말이다. 이제 본격적으로 좋은 균, 나쁜 균, 이상한 균과 함께 여행을 떠나보자.

# 2

# 화성에서 감자 심기

몇 년 전 〈마션〉이란 영화가 흥행에 성공하고 큰 화제가 된 적이 있다. 이 영화는, 화성을 탐사하러 갔으나 사고로 철수팀에 끼지 못하고 그곳에서 홀로 살아가게 된 인물을 다룬 이야기다. 영화를 본 많은 사람들은 주인공이 화성에서 감자 농사를 지어 식량을 해결하는 부분이 가장 인상 깊었다고 한다. 사실 현실적으로는 가능성이 낮은 이야기이긴 하지만 과학적인 기초에 충실하고 화성의 풍경이 현실감 있어서 오랫동안 사람들의 기억에 남는 작품이 되었다.

개인적으로 가장 놀라웠던 장면은 주인공이 '감자밭'에 똥을 섞는 장면이었다. 원작 소설에는 이 부분이 자세히 설명되어 있지만 영화에서는 코믹하게만 표현되어 조금 아쉽다. 주인공이 그저 거름을 주는 것이라고 생각할 수도 있겠지만 그렇게 단순한 이야기가 아니다. 그 이유는 주인공이 미국 시카고대학에서 식물학을 전공한 식물학자라는 설정 때문이다.

# 똥을 약으로 쓴다?

최근 과학계에는 '똥'에 대한 연구가 핫하다. 서점의 과학책 코너에서도 똥에 대한 책을 쉽게 볼 수 있다. 뉴스도 똥에 관한 새로운 연구결과들을 자주 소개한다. 물론 주로 인간의 건강을 어떻게 증진하느냐는 질문에 대한 답을 찾는 것이지만 말이다.

똥에 대한 우리의 시각이 바뀌게 된 계기는 영국의 한 과학잡지가 재미난 실험결과를 발표하면서였다. 2013년 《뉴잉글랜드 의학저널New England Journal of Medicine》이라는 유명 잡지에 논문 한 편이 발표되었다. 이 논문의 주된 내용은 '클로스트리디움 감염병에 대한 새로운 치료법 개발'이다. 클로스트리디움 디피실Clostridium difficile은 미국과 유럽의 노인 요양소에서 가장 심각한 문제를 일으키는 병원균이다. 이 균이 사람의 장에 정착하면 그 사람은 설사를 계속하다가 탈수로 사망한다. 클로스트리디움은 이전에는 항생제로 간단하게 치료되어 큰 문제가 되지 않았다. 그러던 것이 두 가지 요인 때문에 새로운 국면을 맞이한다.

첫 번째는 항생제에 저항성을 가진 클로스트리디움이 많이 생겨나면서 항생제가 무용지물이 됐다는 점이다. 일명 슈퍼 박테리아 클로스트리디움이 생겨난 것이다. 두 번째로 클로스트리디움은 휴면포자를 만들어 인간의 장 속에 오래 숨을 수 있는데, 항생제를 투여하면 휴면포자를 만들어 숨어 있다가 항생제가 사라지면 다시 깨어나 병을 일으키는 일들이 자주 발생했다. 세균이 깨어나면 이들이 생산하는 독소 때문에 환자들은 설사를 계속하는데, 여기에 지속적인 항생제 복용 때문에 생긴 부작용까지 겪으므로 문제가 커진다. 특히 노인들은 면역력이 약하기 때문에 이 세균을 효과적으로 막기에는 역부족이어서 문제가 더 심각했다. 최근 연구에 따르면 클로스트리디움은 설사뿐 아니라 다른 여러 문제를 일으키는데, 심지어 자폐증도 포함된다. 그래서 새로운 치료법이 더 관심을 끌었다. 2013년 1월에 발표된 논문이 2018년 10월까지 다른 과학자들의 논문에 1,322회나 인용된 것만 봐도 알 수 있듯이 획기적인 연구결과였다.

네덜란드 암스테르담 의료학술센터의 요스버트 켈러Josbert J. Keller 박사 팀은 이 논문에서 클로스트리디움병의 민간 치료법인 FMTFecal Microbiotia Transplantation를 소개했다. 이 논문에 쓰인 'feces'란 단어는 똥을 조금 고급스럽게 표현하는 말이다. 그런데 치료법 자체는 고급을 논하기가 좀 애매하다. 놀라지 마시라. 이 연구팀은, 지원한 클로스트리디움병 환자 16명에게 건강한 사람의 똥(건강한 똥)을 먹였다! 그리고 정말 다행스럽게도 병은 획기적으로 호전되었다. 1~2주 안에 설사가 멈췄고, 한 달이 지나자 환자가 다시 움직일 수 있었고, 두 달 후에는 퇴원할 수 있었다. 더 신기한 것은 병이 재발하지 않았다는 점이다. 이 엄청난 치료법은 많은 클로스트리디움병 환자들을 건강하게 만들어주었다. 똥을 약으로 쓰다니… 도대체 어떻게 된 일일까?

2018년 가을《네이처Nature》에도 비슷한 논문이 발표되어 눈길을 끌었다. 미국의 국립알레르기·감염병연구소가 타이 소수민족들의 거주지를 방문하여 그들의 똥을 조사했다. 연구팀은 똥 속에서 바실러스 서브틸리스Bacillus subtilis라는 세균이 발견된 100여 명의 마을 사람들과 그렇지 않은 사람들을 비교했다. 똥 속에 바실러스가 있는 사람들에게서는 황색포도상구균Staphylococcus aureus을 발견할 수 없었지만, 바실러스가 없는 사람들 가운데 15퍼센트 이상은 황색포도상구균을 가지고 있었다. 황색포도상구균이 발견된다는 것은 메티실린 내성 황색포도상구균Methicillin-resistant *Staphylococcus aureus*, MRSA이 발견될 수도 있다는 이야기다. MRSA는 이름 그대로 항생제 메티실린에 내성을 가진 황색포도상구균으로서 대표적인 슈퍼 박테리아다. 황색포도상구균을 발견해도 이 균이 항생제에 내성이 있는지 없는지는 당장 알 수가 없지만, 어쨌든 이 균은 피부에서 시작해 인체의 온갖 장기에서 다양한 감염병을 일으키는 대표적인 감염성 병원균이다. 우리 피부에 살고 있는 황색포도상구균은 밀도가 높아지면 큰 문제를 일으킨다. 여드름과 봉와직염, 심하게는 패혈증의 원인이 되기도 한다.

연구팀의 관찰결과는 바실러스와 황색포도상구균의 관계를 명확하게 보여준다. 처음에 연구팀은 이 바실러스가 황색포도상구균을 직접 죽일 것으로 예상하고 증거를 얻으려고 했다. 하지만 실제로는 바실러스가 아니라 바실러스가 만드는 물질이 황색포도상구균이 독소를 생산하지 못하도록 하는 것이었다. 연구팀은 많게는 1그램당 1억 마리에서 적게는 10만 마리의 바실러스가 똥 속에서 발견되면 병원균이 장 속에 자리 잡지 못한다는 사실을 밝혀냈다.

바실러스는 어떻게 이 마을 사람들의 장 속에 살게 되었을까? 바실러스는 발효식품에 많이 들어 있다. 이 마을 사람들은 우리나라 사람들처럼 콩으로 만든 발효식품을 많이 먹는다고 한다. 우리나라 사람들이 많이 먹는 된장이 바로 바실러스 덩어리다. 된장 특유의 냄새는 바실러스가 만들어내는 냄새라는 사실! 청국장이 장 건강에 좋다는 말도 근거가 튼튼한 주장이었던 거다. 뿐만 아니라 바실러스를 먹으면 우리의 선천면역이 좋아져 독감 바이러스의 밀도를 낮춘다는 보고도 있다.

이런 연구결과들을 보면 똥을 직접 먹는 FMT나 똥에서 뽑아낸 핵심 미

### 타이의 한 마을 사람들의 똥을 조사한 결과

똥에 바실러스가 있는 사람 101명 모두에게서 황색포도상구균이 발견되지 않았다.

똥에 바실러스가 없는 사람 99명 가운데 25명에게서 황색포도상구균이 발견됐다.

황색포도상구균이 발견되면 슈퍼 박테리아인 메티실린 내성 황색포도상구균이 발견될 확률도 높다.

생물을 먹는 미생물 이식법 등 똥을 활용한 치료법이 우리 생활에 익숙해질 날이 멀지 않은 것 같다. 똥 먹는 것을 의료행위로 봐야 하는지에 대한 논의가 남았기 때문에 신중해야겠지만, 높은 치료 성공률 때문에 대장에 문제가 있는 환자들에게는 수술보다 훨씬 중요한 치료법이 될 것으로 예상된다. 물론 냄새가 좀(?) 난다는 단점은 있다.

여기서 중요한 점이 하나 있다. 사실 가장 중요한 건데, '건강한 똥'이 어떤 똥이며 어떻게 구할 수 있을까? 연구결과를 보면 전체 인구의 5퍼센트 정도만 건강한 똥을 가지고 있고, '약'으로 쓰려면 오랫동안 진행되는 검사를 통과해야 한다. 만약 여러분들이 건강한 똥을 누는 사람이라면 화장실에 가고 싶을 때마다 병원으로 달려가야 할 것이다. 병원으로부터 계속 큰돈을 받으면서 말이다. 하지만 약간의 식단 조절은 필요하다.

## 감자에게 '건강한 똥'을 먹이면

식물학 분야에서는 이러한 미생물을 이식하는 방법이 훨씬 오래전부터 활용되었다. 병에 걸리지 않은 건강한 토양을 병이 생긴 토양에 10퍼센트 정도 섞어서 식물이 건강하게 자랄 수 있도록 치료하는 방법은 이미 1980년대에 시작됐다. 요즘은 한발 더 나아가 무겁게 흙을 운반하지 않고 이 흙에서 분리해 고농도로 키운 미생물을 작은 병에 담고서 필요할 때 물에 타서 뿌리기만 한다. 전 세계의 대형 농약회사들이 이 방법으로 큰돈을 벌고 있다.

다시 영화 〈마션〉으로 돌아가보자. 영화에서는 주인공이 자신이 생활하는 캠프 안에서 화성의 흙으로 감자를 키운다. 이런 장면을 보면 화성에서 감자를 키우는 것이 쉽겠다는 생각이 들기도 한다. 하지만 그렇게 간단한 문제가 아니다. 기본적으로는 물이 문제다. 화성에서 흐르는 물의 흔적이 발견되기는 했지만 그 양이 생명체를 품을 정도인지는 정확하지 않다. 물이 충분하다 해도 문제는 또 있다. 식물이 물만으로 살지는 못한다는 것이다. 식물이 살려면 미생물이 필요하다.

완전한 무균상태에서 식물을 키울 수 있을까? 이 질문은 요즘 과학계의 큰 화두다. 아직까지는 성공하지 못했다. 모든 곳에 미생물이 있는 지구에서는 미생물이 없는 식물을 만들 수 없기에 우리는 식물이 자랄 때 미생물이 어떤 역할을 하는지 정확하게 알지 못한다. 최근에는 연구장비가 발달하여 미생물의 종류가 달라지면 식물이 꽃피우는 시기가 달라지고 외부 환경에 대한 저항성도 달라진다는 결과가 관찰되었다. 우리는 미생물의 역할이 생각보다 중요하다는 것을 어렴풋이나마 알아가고 있다. 〈마션〉에서 감자를 심을 흙과 똥을 섞어주는 장면은 단순히 거름을 주기 위한 것이 아니라 미생물 이식을 위한 것이다. 화성의 가장 큰 문제는 감자가 싹이 났을 때 뿌리 주위에 미생물이 없다는 점이다. 미생물이 없는 무균조건에서 자라는 식물은 아주 작은 자극에도 쉽게 죽어버린다는 최근 연구결과를 볼 때, 식물이 지구상에 등장할 때부터 미생물과 함께했듯 식물이 기본적으로 가진 면역은 싹이 나자마자 미생물과 조우하며 시작된다는 사실을 알 수 있다.

화성은 지구와 다른 곳이다. 대기 조성도 다르고 밤낮의 온도 차도 극심하기 때문에 우리가 알고 있는 미생물은 자랄 수 없다고 한다. 〈마션〉의 시나리오 작가는 이 점을 잘 이해하고 있었다. 그래서 주인공은 캠프 바깥이 아니라 사람이 살 수 있는 캠프 안에서 감자를 키운다. 혹시 이런 환경만 만들어주면 자연적으로 미생물이 생겨나지 않을까 하고 생각할 수도 있다. 하지만 파스퇴르가 증명했듯이 원래 없던 미생물이 환경이 만들어졌다고 자연적으로 발생하지는 않는다. 그래서 똥을 섞듯 외부에서 미생물을 새롭게 주입해줘야 한다.

그렇다면 물과 미생물만 있으면 영화에서처럼 화성에서 감자를 키워 먹을 수 있을까? 영화는 영화고, 실제는 훨씬 복잡하다. 자연스런 생태계가 아니라 만들어진 생태계에는 우리가 생각하지도 못한 변수가 너무나 많기 때문이다. 화성에는 미생물이 없으니 감자가 병에 걸릴 일은 없을 거라는 생각이 들 수도 있다. 절대로 그렇지 않다. 사람이 감자를 키운다면 오히려 사람이 갖고 있는 미생물 때문에 감자가 병에 걸리거나 죽을 수 있다. 남미 원주민들이 세운 아즈텍 문명이 스페인군의 총이 아니라 천연두 때문에 멸망

영화 〈마션〉에는 화성에서 감자를 키워 먹는 화성인이 등장한다. 나사는 실제로 화성에서 식물을 키우겠다는 계획을 세우고 있다. (20세기 폭스)

했다는 사실을 기억할 필요가 있다.

뿐만 아니라 미생물이 하나도 없는 생태학적 진공상태에서 한 종의 미생물이 공간을 우점하면 예상하지 못한 이상반응들이 일어난다. 지구에서 식물은 수십억 년 동안 미생물과 공존하며 최적화되어왔기 때문에 큰 문제 없이 살 수 있었다. 하지만 화성처럼 갑작스럽게 변화한 환경에서 잘 살아갈 수 있을까?

현재로서는 영화처럼 화성에서 감자를 수확할 수 있을지 확신할 수 없지만 그 생각이 허무맹랑하기만 한 것은 아니다. 나사<sup>NASA</sup>는 실제로 화성을 개척할 때 식물을 키운다는 계획을 세우고 있다. 그렇다면 매일 화장실에서 똥을 받아 미생물을 분리하는 작업이 매우 중요한 일이 될 것이다. 아니면 재배하는 식물에 최적화된 미생물을 준비해서 이식을 해야 할 것이다.


## 지구 생태계의 숨은 주인공

우리는 미생물이 없는 조건에서 살아본 적이 없기 때문에 미생물이 우리에게 얼마나 중요한 존재인지를 잘 모른다. 심지어 대부분의 사람들은 모든 미생물을 병을 일으키는 나쁜 생명체로 알고 있다. 하지만 미생물이 없다면 지금 이 생태계는 유지될 수 없다.

미생물은 생태계에 어떤 영향을 미칠까? 바이오스피어 2 프로젝트<sup>Biosphere 2 Project</sup>가 이 질문에 한 가지 답을 주었다. 이 프로젝트는 인간이 외계행성에서 지구와 비슷하게 살아갈 수 있을지를 연구하기 위해 진행됐다. 실험 지원자들과 동물들은 미국 애리조나 사막에 지어진 커다란 돔형의 유리온실에

서 외부 지원 없이 밀폐된 채 2년 동안 생활하기로 했다. 이곳이 바로 바이오스피어Biosphere*다. 하지만 몇 달 만에 치명적인 문제가 일어나 프로젝트는 실패했다. 밀폐된 상태에서 모든 것을 자족해야 했던 바이오스피어에서 공기 중 산소 농도는 줄어들고 이산화탄소 농도가 급격하게 증가했기 때문이다. 호흡에 필요한 산소량이 줄어들자 산소를 공급하는 식물이 잘 자라도록 거름을 많이 넣어준 게 원인이었다. 이 때문에 흙속에서 미생물이 과다하게 자랐고, 미생물이 호흡하며 들이마시는 산소와 내뱉는 이산화탄소의 양이 늘어나 공기 중에 사람이 마실 수 있는 산소는 더욱 더 사라지고 이산화탄소가 늘어난 것이다.

눈에 보이지도 않을 정도로 작은 미생물이 아무리 많아져도 그렇지, 산소

* 좀더 자세한 정보는 다음 웹사이트에서 찾아볼 수 있다. http://www.biospherics.org/biosphere2. 또한 《인간 실험》(제인 포인터 지음, 박범수 옮김, 알마, 2008)이라는 책도 바이오스피어 프로젝트에 관한 생생한 이야기를 담고 있다.

를 마시면 얼마나 마신다고 그런 일이 벌어질까 하고 생각할 수도 있겠지만 바이오스피어 프로젝트에 참가했던 사람의 말로는 생명의 위협을 느끼고 빨리 탈출해야 했을 정도라고 한다. 나는 박사과정을 밟을 때 이 프로젝트에 참여하여 바이오스피어 돔에 들어갔던 분의 발표를 들을 기회가 있었는데, 이분이 여담으로 한 이야기가 인상 깊었다. 이 프로젝트에서 또 하나 크게 힘들었던 점은 바로 외로움이었다고 한다.

## 돈이 되는 미생물

이제 식물 주위의 미생물을 왜 연구해야 하는지에 대한 경제적인 근거를 살펴보자. 좀더 직접적으로 이야기하자면 토양 속 미생물로 돈도 벌 수 있다. 2015년부터 미국의 거대 농약회사들이 중심이 되어 흙속에 있는 미생물로 농작물의 생장을 돕는 방법을 연구하고 있다. 2016년 11월 나는 식물미생물체phytobiome를 연구하는 키스톤학회*에서 아스피린으로 유명한 회사 바이엘의 관계자를 만난 적이 있다. 그의 말에 따르면 바이엘은 미국 농업지대의 토양 속 미생물의 분포상황을 나타내는 지도를 만들고 있다고 한다. 농작물이 제대로 자라지 못하는 현상은 토양 속 미생물들이 균형을 이루지 못했기 때문이고, 이 불균형을 해소하면 수확량을 극대화할 수 있을 거라는 가정 하에서 진행하는 프로젝트라고 한다. 바이엘은 이렇게 만든 토양 미생물 지도를 바탕으로 미생물 균형이 깨진 지역을 미리 파악하고 그곳 토양의

* 좀더 자세한 정보는 다음 웹사이트에서 찾아볼 수 있다. https://www.keystonesymposia. org/17S2.

균형을 맞춰줄 미생물을 준비한 다음 농민들에게 사용을 제안하여 생산량 증대를 꾀한다고 했다. 몇 년 뒤 미국 농민들은 바이엘 영업사원으로부터 이런 문자를 받을 수 있을 것이다.

"올해 당신 밭의 수확량이 좋지 않군요. 우리가 두 배로 만들어드리겠습니다. 저희가 개발한 '인공 미생물 어벤져스' 제품을 사용해보시기 바랍니다. 물론 우리 제품을 무시해도 괜찮지만, 그랬다가는 아마 계속해서 수확량이 줄어들 겁니다."

농작물의 수확량에 가장 크게 영향을 미치는 요인은 무엇일까? 병이라고 생각하기 쉽지만, 바이엘 관계자의 말처럼 실제로는 식물병을 포함한 생물학적·환경적 스트레스가 큰 요인이다. 식물이 미생물을 이용해 스트레스를 극복하는 현상과 기작은 이미 잘 알려져 있다. 예를 들어 극심한 가뭄이 들었을 때 적당한 미생물상Microbial community**을 가진 식물과 그렇지 못한 식물은 생사가 달라진다. 그래서 거대 농약회사에서는 미생물의 집합체(미생물군집phytobiome, 미생물상)를 작물에 처리하여 작물이 스트레스를 극복할 수 있는지 시험하고 있다. 실제로 2018년 초 인디고Indigo라는 회사에서 이러한 미생물상 제품을 출시했고, 미국에서는 구입할 수 있다.

사실 기업들이 미생물에 관심을 가지는 진짜 이유가 있다. 이런 미생물 제품은 농약이 아니라 비료로 등록할 수 있기 때문이다. 농약으로 등록하면 의약품처럼 동물과 인체에 대한 안전성 시험을 해야 하는데, 여기에는 천문학적인 비용이 든다. 하지만 비료로 등록하면 훨씬 간단하다. 그냥 당국에 신고만 하면 되고 허가도 필요 없다. 인류는 옛날부터 풀이나 똥을 미생물

---

** 다양한 종으로 구성되어 있는 미생물의 집합체를 가리킨다.

로 발효시켜 비료를 만들어왔기 때문에 전 세계적으로도 미생물 비료는 허가받을 필요 없이 등록만 하면 된다. 이런 점이 기업 입장에서는 피할 수 없는 유혹이 된다. 우리나라에서도 미생물 비료는 등록만 하면 된다.

## 식물의 아군, 미생물

해외에서뿐 아니라 국내에서도 미생물 집합체를 이용해 다양한 문제를 해결하려고 시도하고 있다. 먼저 농촌진흥청이 주관하는 우장춘 프로젝트에서는 토종 식물에 유익한 미생물 군집을 선발하고 이것을 농작물의 생산성 향상에 이용하려는 '홀로바이옴holobiome을 이용한 작물 생산 증진' 과제가 진행되고 있다. 인간이나 식물 같은 다세포생물은 아주 오랜 옛날부터 미생물과 함께 생활해왔으므로 인간과 미생물, 식물과 인간으로 나눌 것이 아니라 하나의 생명체처럼 취급해야 한다는 견해가 홀로바이옴(holo: 전체, biome: 미생물 군집, 기주와 거기에 사는 미생물을 하나의 초유기체로 봄)적 입장이다. 당연히 이런 입장에서는 어떤 현상을 이해할 때 미생물의 역할을 충분히 인정한다.

현재 우리나라 토마토 농가에게 가장 무서운 병은 청고병靑枯病, 즉 풋마름병이다. 청고병은 이름 그대로 파랗게 마르는 병인데, 이 병에 걸린 식물은 물이 충분해도 뿌리에서 지상부로 물이 제대로 공급되지 않아 위에서부터 천천히 마르다가 죽는다. 뿌리에서 줄기로 올라가는 물관을 세균이 막아서 물이 위로 올라가지 못하기 때문이다. 보통 식물은 아래쪽 잎부터 누렇게 마르다가 위쪽까지 말라서 죽는데, 이 병은 위쪽 잎부터 마르고 잎도 노랗

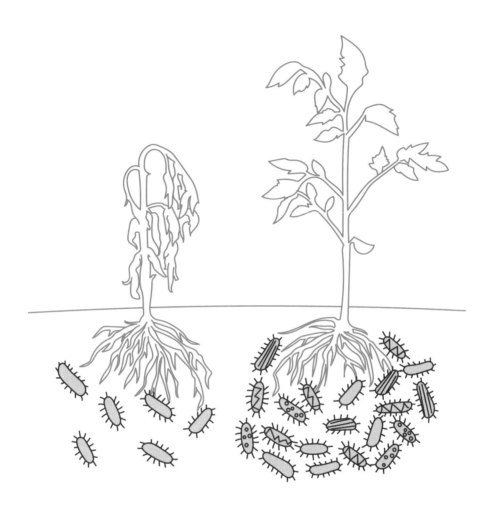

게 변하지 않는 점이 특징이다.

　청고병을 일으키는 세균은 랄스토니아 솔라나세아룸*Ralstonia solanacearum*이다. 지금까지 이 병을 막기 위한 갖은 노력이 있었지만 모두 실패했다. 토마토 가운데 랄스토니아에 저항성을 가진 품종을 찾을 수 있었지만 다른 품종과는 교배가 잘되지 않았다. 그 이유는 랄스토니아에 대한 저항성에 관련된 유전자가 하나가 아니라 여러 유전자가 복합적으로 얽혀 있기 때문이다. 유전자 하나를 한 종에서 다른 종으로 옮기기는 비교적 쉽지만 여러 개를 한꺼번에 옮기는 것은 전혀 그렇지 않다. 식물 교배학자들은 거의 불가능하다고 생각한다. 이렇게 여러 유전자에 의해 식물의 저항성이 결정되는 것을 양적형질 유전자군Quantitative Trait Locus, QTL이라고 한다. 그런데 더 어려운 것은 이 QTL이 정확히 어떤 역할을 하는지가 전혀 알려지지 않았다는 점이다. 사실은 정확히 어떤 유전자가 작용하는지 몰라서 이렇게 부르고 있는 것이기도 하다. 홀로바이옴 프로젝트는 이렇게 어려운 랄스토니아에 대한 식물의 저항성을 새롭게 시험하고 있다.

애초에 연구자들은 랄스토니아에 대해 저항성인 QTL이 랄스토니아를 직접 죽이는 물질을 생산한다고 생각했다. 하지만 지금까지 홀로바이옴 프로젝트를 통해 알아낸 것은 이 QTL이 식물 뿌리에서 나오는 물질의 종류를 조절하고, 이 물질이 뿌리 주위에 있는 미생물의 종류를 달라지게 한다는 것이다. 다시 말해 진짜 주인공은 QTL이 아니라 미생물이라는 것이다. 여기서 QTL은 랄스토니아를 직접 죽이는 물질을 만드는 것이 아니라 랄스토니아와 싸워주는 미생물 아군이 좋아하는 먹이를 만드는 유전자군이다.

뿌리 주위에 있는 미생물은 장거리를 이동하지 못하기 때문에 뿌리에서 나오는 물질을 먹고 산다. 미생물에게 식물의 뿌리는 오아시스와도 같은 곳이다. 흙만 있다면 영양분은 따질 게 못 된다. 뿌리 주위에는 식물이 광합성으로 만든 탄수화물의 30퍼센트 이상이 흘러나오며 이것이 미생물에게 중요한 먹이다. 이런 먹이사슬에서 식물은 자기에게 유리한 미생물만 선별적으로 키우고 병원균처럼 원하지 않는 미생물은 자라지 못하게 할 수 있다. 이것이 바로 QTL이다. 더욱이 QTL에 의해 어떤 미생물이 모이는지 알 수만 있다면 식물의 QTL을 식물에 직접 넣을 필요도 없다. QTL이 끌어오는 미생물을 주기적으로 토마토에 처리하기만 하면 토마토는 청고병으로부터 안전하다. 원인을 몰랐던 많은 현상들이 이렇게 미생물과 관련되어 있음을 알게 되면 우리가 미생물에 대해 얼마나 모르고 있는지 새삼 느낀다. 이 연구결과는 2018년 세계적인 과학잡지 《네이처 생명공학Nature Biotechnology》에 실려서 전 세계 과학자들의 찬사를 받고 있다.

영화 〈마션〉에서 주인공은 동료들이 놓고 간 추수감사절용 감자 덕분에 화성에서 탈출할 수 있었다. 그런데 또 한편으로 동료들이 놓고 간 똥이 없었다면 어쩔 뻔했나. 인류는 식물이 자연에서 살아가는 데 미생물이 너무나 큰 역할을 해왔음을 이제야 겨우 이해하기 시작했다. 토양 미생물이 꽃 피는 시기를 조절하고 곤충에 대한 저항성을 키워주는 등 여러 작용들이 속속 보고되고 있는데, 앞으로도 계속해서 재미난 일들이 알려질 것이다. 무엇보다 농민들이 바로 활용할 수 있는 사실들이 더 많이 밝혀지고 관련 기술들이 더 많이 개발되면 좋겠다.

이 글은 개인적으로 가장 좋아하는 외국 도시인 피렌체에서 쓰기 시작했다. 이탈리아 피렌체는 르네상스의 발상지로 유명하다. 미켈란젤로와 다빈치, 조토 같은 걸출한 예술가들이 도시국가의 지원을 받아 마음껏 자신의 예술세계를 만들어간 곳이다. 이후 이탈리아 북부 루카라는 도시에서 열린 식물냄새학회에 참석해 거장들로부터 영감을 받아 이 장을 마무리했다. 화성은 아니지만 새로운 장소와 공기는 영화와 책으로 보고 읽은 〈마션〉을 상기시키며 이 글을 쓰는 데 큰 도움이 되었다.

# 3

# 폭탄을 주고받는
# 식물과 미생물

나는 어렸을 적 〈쾌걸 조로〉라는 만화영화를 재미있게 보곤 했다. 얼굴을 가리고 멋진 모자를 쓰고 말을 타고 다니며 악당을 무찌르는 쾌걸 조로는 영웅 그 자체였다. 그런데 '쾌걸 조로'는 우리나라에서 붙인 이름이고, 미국에서는 '세뇨르 조로Señor Zorro'라고 한다. 작가 존스턴 매컬리가 1919년에 쓴 소설 속 인물인데, 스페인어로 여우를 가리킨다. 본토 발음으로는 '소로'에 가깝다고 한다.

이 쾌걸 조로가 내 기억에 오래 남아 있는 이유는 조로가 악당을 무찌르고 마지막에 자신만의 흔적(마커)을 남기기 때문이다. 조로는 자기 이름의 첫 글자인 Z를 벽이나 나무, 악당의 옷 등에 남기고는 사라진다. 조로는 슬쩍하게 Z를 남긴다. 조로가 열심히 악당을 해치워도 악당은 끊임없이 나타난다. 조로 홀로 세상의 악을 처리한다는 것은 무척 버거운 일이었을지도 모르겠지만, 덕분에 만화 〈쾌걸 조로〉를 계속 볼 수 있으니 즐거운 일이었다. 사실 이 장의 주인공은 조로가 아니라 Z다. 나는 이 장의 이야기를 Z로 시작하여 Z로 마칠 것이다. 이름하여 '지그재그Zig-Zag 이론'을 소개하려고 한다. 지그재그 이론에서의 Z는 똑바로 서 있는 평범한 Z가 아니라 이를 시계 반대 방향으로 90도 돌린 Z다.* 그리고 시작점과 꺾이는 점들에 대해 설명하려고 한다. 기대하시라!

## Z를 그리는 식물과 미생물

지그재그 이론은 식물학 전공 교과서에 실려 있을 정도로 널리 인정받고 있는 이론이다. 두 걸출한 과학자 덕분이다. 영국의 조너선 존스Jonathan D. G. Jones와 미국의 제프리 댕글Jeffery L. Dangl 박사가 2006년《네이처》에 '식물 면역 시스템'이라는 제목의 논문으로 그때까지의 연구결과를 정리해서 발표할 때 지그재그 이론이라고 이름을 붙였다. 이 논문은 2006년에 발표한 이후 2018년 9월 현재까지 7,192회 이상 인용되었다. 식물-미생물 상호작용 분야에서 이는 다시 나오기 힘들 정도로 유명한 기록이다. 제프리 댕글 교수는 식물학 분야의 스티븐 호킹 박사로도 잘 알려져 있다. 그는 호킹 박사와 비슷하게 루게릭병 때문에 손과 목 위쪽만 움직일 수 있다. 그는 지금도 휠체어를 타고 왕성하게 활동하면서 많은 젊은 과학자들의 귀감이 되고 있다.

이제 본론으로 들어가보자. 우선 가로축과 세로축을 그리고 거기에 Z를

---

* 혹시 N이 아니냐고 반문하는 사람도 있을 것이다. 하지만 내게는 옆으로 누운 Z로 보인다!

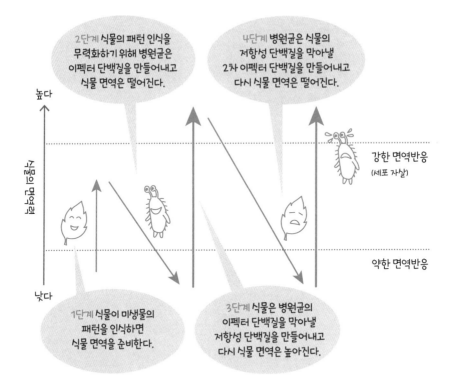

시계 반대 방향으로 눕힌다. 그래프의 가로축은 시간이다. 그것도 하루 이틀이 아니라 수십만 년이나 수백만 년의 긴 시간이다. 그리고 세로축은 식물의 면역력의 세기 정도다. 다시 말해 이 그래프는 시간의 흐름에 따라 식물의 저항성이 어떻게 변화하는지를 보여준다.

우선 식물의 저항성과 면역력에 대해 짚고 넘어가자. 만약 '나는 감기에 저항성을 가지고 있다'고 하면 나는 감기에 잘 걸리지 않는다는 의미다. 그런데 '나는 감기에 면역력을 가지고 있다'고 하면 평생 동안 감기에 걸리지 않는다는 말이다. 물론 아직은 감기 백신이 없어 불가능한 일이지만 말이다. 하지만 다른 많은 병에 대한 백신이 개발되어 있으므로 우리는 어릴 때부터 많은 백신을 맞는다. 소아마비 백신을 맞으면 항체가 생기고 소아마비에 대해 면역력이 생겨 평생 소아마비로부터 자유로워진다. 식물도 비슷하다. 저항성은 어떤 조건 때문에 병원균의 침입을 막을 수 있는 능력을 말하는데, 그 조건이 사라지면 다시 병에 걸릴 수 있다. 식물은 동물처럼 항체-항원 기반의 백신에 해당하는 작용은 없지만 병원균의 단백질을 인식하여 스스로의 저항성을 높이는, 표현형phenotype*적으로 유사한 현상이 있다. 그래서 면역력이라는 단어를 사용한다. 참고로 단백질이라고 하면 다이어트를 위한 닭가슴살이나 근육을 늘릴 때 먹는 단백질 쉐이크가 더 친근하게 느껴질 것이다. 하지만 단백질은 근육뿐 아니라 우리가 앞서 언급한 생명체의 모든 표현형을 만들어낸다. 단백질은 생명체를 만드는 가장 작은 벽돌이다.

## 1단계: 식물, 미생물의 패턴을 알아채다!

이야기를 그래프의 왼쪽 아래인 Z의 시작점에서 시작해보자. 지구의 역사를 연구해보면 아주 먼 옛날 지구상에 미생물이 나타났고, 그다음에 식물이 나타난다. 식물 중에서도 처음에는 단세포인 클로렐라 같은 생명체만 있었지만 시간이 흐르면서 이끼나 고사리 같은 조금 복잡한 다세포식물체가 나타났고, 그 후에는 겉씨식물과 속씨식물까지 나타났다. 식물이 지구상에 존재하면서부터 바로 옆에 늘 미생물이 있었을 것이다. 다시 말해 미생물과 함께하지 않은 식물체는 지구상에 존재할 수 없다. 발달단계로 보

---

\* 생명체의 겉으로 나타나는 형태를 말한다. 예를 들어 바이러스에 감염되어 잎이 쭈글쭈글해지거나 세균병에 걸려 잎에 노란 반점이 생기는 등 눈에 띄는 현상을 말한다.

면 식물이 종자에서 싹을 내기 시작한 순간부터 미생물이 늘 주위에 있었음을 알 수 있다. 식물과 미생물은 공동운명체인 것이다. 상호작용에는 항상 비용과 위험이 따른다. 식물에게 미생물은 친구일 수 있지만 자신을 공격하는 적일 수도 있다. 그래서 식물은 늘 곁에 있는 미생물을 제대로 인식하고 반응해야만 한다. 더욱이 식물은 신경과 시각이 없기 때문에 외부에 있는 미생물을 어떤 방법으로든 인식하는 것이 매우 중요한 문제다. 식물체의 입장에서 미생물의 존재를 어떻게 인식하고 반응했는가가 지그재그 이론의 시작점이다. 식물은 어떻게 미생물이 곁에 있다는 걸 알아낼까? 답은 패턴 인식이다.

패턴 하면 양복이나 치마의 체크무늬를 떠올릴지도 모르겠다. 위키피디아 사전에 따르면 패턴pattern은 프랑스어 patron에서 나온 단어로 '되풀이되는 사건이나 물체의 형태'를 뜻한다. 식물은 주위에 있는 미생물이 친구인지 적인지를 알기 전에 미생물이 있는지 먼지가 있는지 아니면 다른 식물체

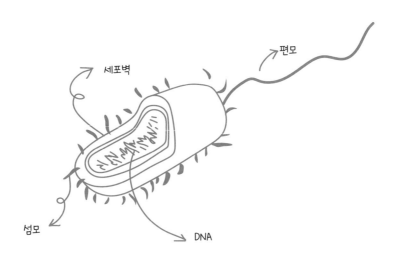

세포벽, 편모, DNA 등이 세균의 패턴이 될 수 있다.

가 있는지를 알아내야만 한다. 그래서 식물은 미생물이 공통적으로 가지고 있는 '되풀이되는 물체의 형태'에 해당하는 미생물의 패턴을 인식하게 되었다. 좀더 쉽게 설명하면, 시각이 없는 외계인이 지구에 도착해서 사람의 머리카락, 손, 발, 몸을 만져본 후 사람을 다른 동물과 구분할 수 있다면 사람만이 가지고 있는 손이나 얼굴의 구조, 머리카락 등이 사람의 패턴이 될 수 있다. 식물도 이 외계인과 마찬가지로 미생물의 패턴을 인식할 수만 있다면 외부의 다양한 미생물을 알아볼 수 있을 것이다.

미생물의 패턴에는 어떤 것들이 있을까? 미생물에는 곰팡이, 세균, 바이러스가 있다. 식물 주위에 가장 많은 미생물인 세균의 경우 세포벽, 이동할 수 있게 하는 편모, DNA나 RNA 등이 세균이라면 모두 가지고 있는 패턴이 될 것이다. 미생물의 이런 패턴을 다른 일반적인 패턴과 구분하기 위해 과학자들은 분자패턴Molecular pattern이라는 말을 만들어 사용한다. 다시 말해 식물은 외부 미생물의 존재를 이런 '미생물 관련 분자패턴'으로 인식한 후 미생물의 공격에 방어하기 위한 준비를 시작한다.

미생물의 분자패턴을 인식한 다음 식물은 자신의 방어단계를 경계단계로 격상시킨다. 그리고 다양한 단백질을 만들어서 외부에 있는 미생물을 막을 수 있는 물질들을 만들거나 세포벽을 두껍게 만든다. 그렇지만 이 단계에서 식물은 외부의 미생물이 친구인지 적인지는 알 수 없다. 그저 외부에 미생물이 있다는 것을 알아내자마자 자신을 보호하기 위하여 방어작용을 시작할 뿐이다.

이 지점이 Z의 두 번째 꼭짓점으로 식물의 저항성이 높아진 상태다. 이제 극적인 반전으로 식물의 저항성이 어떻게 내리막길을 걷는지 살펴볼 차례다.

## 2단계: 식물의 분자패턴 인식을 무력화하라!

식물에게 패턴 인식이라는 무기가 생겼다! 이제 식물은 병원균에 대해 백전백승일까? 그런데 자연은 그렇게 만만치가 않다. 우리는 주위에서 병든 잎이나 줄기를 흔히 볼 수 있다. 이렇게 식물의 저항성이 최고조에 오르면, 이론상으로는 식물이 병원균을 인식하고 병원균이 식물을 공격하지 못하게 되어 그 병원균은 지구상에서 멸종할 수밖에 없다. 이제 병원균은 자신의 멸종을 막기 위한 일생일대의 반격을 준비해야 한다. 지금부터의 이야기는 그 병원균의 처절한 반격의 이야기다.

미생물 입장에서 가장 효과적인 반격은 식물이 자신의 분자패턴을 인식하는 것 자체를 막는 일일 것이다. 이를 위해 미생물은 전혀 새로운 무기인 이펙터Effector 단백질을 만들어냈다. 과학자들은 미생물에서 분리한 다양한 이펙터 단백질이 식물의 단백질에 달라붙어서 이 단백질이 더 이상 작용하지 못하도록 방해한다는 것을 알아냈다. 이렇게 방해를 받는 식물의 단백질은 식물이 미생물의 분자패턴을 인식한 후 외부 미생물을 막기 위해 저항성반응을 만들어내거나 그 신호를 전달하는 단백질들이었다. 영리한 미생물은 식물의 방어 단백질을 정확하게 타격할 수 있는 단백질 폭탄, 이펙터 단백질을 만들어낸다. 그것도 한두 개가 아니다. 슈도모나스 시링가에 Pseudomonas syringae라는 미생물 한 마리에는 30가지 이상의 이펙터 단백질 폭탄이 발견된다. 즉 30개 이상의 식물 단백질을 공격할 수 있는 것이다.

놀라운 건 미생물이 자신의 이펙터 단백질을 식물의 세포 속에 집어넣는 방법이다. 미생물은 세포벽과 세포막이 감싸고 있고, 식물도 세포벽과 세포막으로 단단하게 막혀 있다. 병원성 세균의 경우 크기가 2마이크로미터인데 세균보다 훨씬 큰 식물에는 2마이크로미터짜리 구멍이 없다. 그러니 세균이 식물의 세포 속으로 들어갈 방법도 없다. 그래서 세균이 선택한 방법은 자신의 단백질을 식물의 세포 속에 집어넣는 것이다. 사실 세균이 식물의 세포 안으로 폭탄을 전달하는 방법은 오랫동안 수수께끼로 남아 있었다. 그러던 중 코넬대학의 앨런 콜머Allen Colmer 교수와 그의 학생인 셩양헤Sheng Yang He가 세균이 빨대 모양의 관을 식물 세포에 삽입한 후 그 관으로 단백질 폭탄을 집어넣는 모습을 전자현미경으로 관찰하고 사진을 찍는 데 성공했다. 더욱이 새롭게 밝혀진 놀라운 사실은 세포 속으로 들어가는 단백질의 크기가 이 빨대의 지름보다 크다는 점이다. 마치 코끼리를 냉장고에 넣는 것과 비슷한 일이 벌어지고 있는 것이다.

어떻게 된 일일까? 우리가 알고 있는 단백질 대부분은 긴 실 같은 단백질

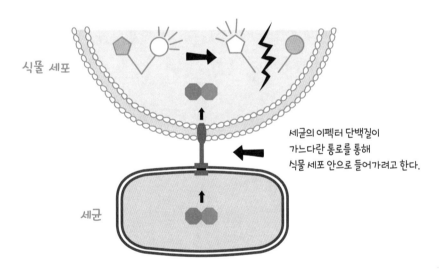

이 그림은 세균의 단백질 폭탄(이펙터)이 식물 안에서 어떻게 작용하는지를 보여준다. 아래쪽은 세균, 위쪽은 식물 세포다. 중간의 연결선은 제3 분비체계다. 식물 세포 안으로 들어간 이펙터 단백질은 식물 세포 안에서 저항성반응과 관련된 단백질이 제 기능을 하지 못하도록 방해해 식물의 면역을 억제한다.

이 다양한 각도로 엉킨 실타래처럼 생겼다. 이 실타래처럼 생긴 단백질 폭탄은 세균을 떠나기 전에 천천히 풀려 길다란 실처럼 변한다. 가는 실 모양으로 바뀌어 세균의 빨대를 통과할 수 있게 된 단백질 폭탄은 식물의 세포 안으로 들어간 다음에는 다시 출발할 때처럼 실타래 모양의 덩어리가 된다. 빨대를 통과해 식물의 세포질 속으로 들어간 실이 세균에서 출발할 당시의 모양으로 다시 바뀌도록 하는 효소가 무엇인지, 실제로 존재하는지는 아직도 밝혀지지 않았다. 그렇지만 공상과학소설에 나올 법한 이러한 현상도 오랜 연구를 거쳐 이제는 교과서에도 실릴 만큼 일반적인 사실이 되었다.

세균이 식물에 넣은 단백질 폭탄은 식물이 미생물의 분자패턴을 인식한 다음 이 미생물들을 죽이기 위해 만들어내는 다양한 저항성반응을 파괴한다. 이런 식으로 미생물의 단백질 폭탄 공격을 받은 식물은 제대로 된 저항 한 번 못하고 미생물의 밥이 되고 만다. 식물의 저항성은 바닥을 향해 곤두박질치고 Z의 아래쪽 꼭짓점에 도달한다. 그렇다고 얌전히 있을 식물이 아니다. 식물도 다시 나름의 방어법을 개발한다.


## 3단계: 식물, 미생물의 단백질 폭탄의 뇌관을 제거하라!

식물은 미생물의 이펙터 단백질 폭탄 공격을 막기 위해 이 단백질 폭탄을 무력화하는 방법을 쓴다. 이펙터 단백질이 식물 세포 안에서 일어나는 저항성신호 전달* 과정을 교란하기 전에 재빨리 단백질 폭탄에 붙어서 폭탄의 효력을 잃게 만드는 것이다. 여기서 '잃는다'고 표현했는데, 전문적으로 표현하자면, 단백질-단백질 상호작용이 일어나 이펙터 단백질 폭탄의 활성

부위에 다른 단백질 조각이 대신 붙어 활성을 없애버리는 작용이 일어나는 것이다. 말이 쉽지, 이건 마치 1,000피스 그림 조각에서 딱 맞는 조각을 찾아내는 것보다 시간과 노력이 더 많이 들어가는 작업이었을 것이다.

그렇지만 식물이 모두 미생물의 밥이 되지는 않았으니, 오랜 노력 끝에 식물이 결국 미생물의 단백질 폭탄을 완벽하게 무력화하는 단백질 조각을 정확히 찾아냈음을 알 수 있다. 1996년 코넬대학의 그레그 마틴Greg Martin 교수는 식물의 특정 단백질이 세균의 단백질 폭탄과 레고처럼 정확하게 붙어 세균의 공격에 당하기만 하던 식물이 저항성 식물이 되는 것을 최초로 실험적으로 증명했다. 이 식물 단백질을 저항성 단백질Resistance protein, R-protein 이라고 한다. 이름 역시 적절히 잘 지었다고 생각한다. 단백질 폭탄에 저항하기 위한 단백질이라는 이유도 있지만, 단백질 하나로 감수성이던 식물이 저항성으로 바뀌기 때문이다.

그러면 식물의 저항성 단백질과 세균으로부터 건너온 이펙터 단백질이 식물의 세포 속에서 만난 후에는 어떤 일이 벌어질까? 식물에서 이런 단백질 폭탄이 발견되었다는 것은 그 식물이 이미 외부에 병원균이 있다는 사실, 그 병원균이 자기를 공격하려는 낌새를 눈치챘다고 볼 수 있다. 그러니 재빨리 병원균을 죽여야 한다. 하지만 식물의 대사는 미생물에 비해 아주 느리기 때문에 속도에서 미생물을 따라갈 수가 없다. 대장균의 한 세대가 20~30분인 데 반해 식물은 석 달에서 여섯 달, 심지어 1년이 걸리기도 하기 때문이다. 그러면 어떻게 이 일촉즉발의 위기를 모면할 수 있을까?

---

* 신호전달이란 외부 환경에 반응하여 하나의 세포가 신호를 만들어 세포막에서 핵 속으로 전달하는 일련의 과정을 말하기도 하고, 세포와 세포 사이에서 신호가 이동하여 결국 하나의 조직에서 다른 조직으로 신호가 이동하는 것을 말하기도 한다. 이때 이동하는 신호를 신호전달 물질이라고 한다. 이 책에서 자주 등장하는 식물 호르몬인 살리실산이나 자스몬산이 대표적이다.

식물이 가진 가장 빠른 반응 중 하나가 세포 자살이다. 이 반응은 보통 12~24시간 정도 걸리기 때문에 세균의 생장시간보다는 길어도 세균의 공격을 막기에는 충분하다. 이야기는 이렇게 진행된다. 저항성 단백질이 병원균의 단백질 폭탄을 인식하자마자 세포 내 활성산소가 급속히 증가하고 미토콘드리아가 깨지면서 모든 생리작용이 중단돼 세포는 죽음의 길로 접어든다. 그러면서 세포에 단백질 폭탄을 집어넣었던 병원균도 함께 죽는다.

여기서 우리가 알아야 할 점은 이것은 식물 세포 하나에 일어나는 반응이라는 것이다. 죽은 세포 입장에서는 안타깝지만 식물은 수많은 세포로 이루어져 있기 때문에 세포 하나쯤 죽어도 살아가는 데 큰 문제가 없다. 오히려 에너지를 크게 낭비하지 않고 재빨리 병원균을 죽일 수 있으므로 길게 보면 큰 이익이다. 식물병 저항성 측면에서 보면 저항성이 최대로 올라가는 것이다. 여기가 Z의 마지막 점이다. 하지만 물론 여기서 끝나지 않는다.

## 4단계: 다시 미생물의 반격이 시작된다

생물과 생물 간의 상호작용은 생존을 위한 싸움이기 때문에 끝없이 계속된다. 그러니 식물과 병원균의 공격과 반격도 계속해서 일어난다. 이를 '무력 싸움의 경주'라고도 한다. 저항성 단백질이 등장하여 식물이 승리하는가 싶으면 미생물이 전열을 가다듬어 다시 공격 태세에 들어간다.

미생물은 식물의 패턴 인식을 다시 방해하려고 해도 식물이 금방 저항성 단백질을 만들어 무력화할 것 같고, 그렇다고 가만히 있을 수도 없어 진퇴양난의 처지에 놓이지만 영리하게도 이 문제를 해결할 방법을 찾아낸다. 바

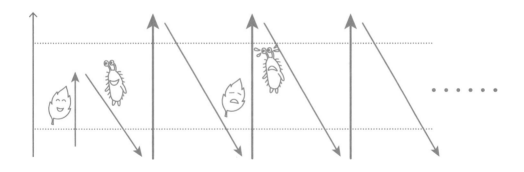

로 식물의 저항성 단백질을 공격해 그 기능을 잃게 하는 2차 단백질 폭탄을 투입하는 것이다. 그러면 식물은 패턴 인식 이후의 신호체계가 또 망가지고 미생물은 그 틈을 노려 식물을 공격할 시간을 벌게 된다. 저항성 단백질이 없는 식물은 이제 미생물의 차지다. 그다음은? 식물은 자신의 1차 저항성 단백질을 무력화한 미생물의 2차 단백질 폭탄을 해치울 2차 저항성 단백질을 다시 만들어 미생물의 공격을 막아낸다. 그다음은? 무력 싸움의 경주는 계속된다. 이 때문에 병원성 세균 하나가 30가지 이상의 단백질 폭탄을 가지고 있는 것이다. 이는 기본적으로 이런 먹고 먹히는 싸움이 30번은 계속된다는 역사적 증거다.

식물과 미생물의 상호작용 속에 이렇게 끈질긴 이야기가 숨어 있을 줄은 몰랐을 것이다. 지금은 세균뿐 아니라 곰팡이나 바이러스, 선충이나 곤충도 단백질 폭탄을 만들어 식물의 저항성을 억제한다는 보고가 쌓이고 있다. 인간의 눈으로 보기에 아무것도 아닌 생명체도 자신의 생존을 위해 환경과 상황에 대처하려고 끊임없이 '머리를 굴린다'. 오직 인간만이 최상의 생명체, 고도의 지적 생명체라고 생각하며 다른 생물들을 경시하는 오만한 시선은 이제 거두어야 하지 않을까?

# 4

# 스스로 인구를
# 조절하는 세균들

식물과 미생물의 '밀당'은 끊임없이 계속된다. 서로 아군일 때도 있고 적군일 때도 있다. 식물은 세균을 적군으로 인식하면 저항성(면역)반응을 보인다. 그럼 세균은 식물의 저항성반응을 피해야 한다. 이제부터 소개할 내용은 단세포생물인 세균이 주위에 있는 친구들의 수를 인지하고 협력하여 자신에게 일어난 문제를 다세포생물처럼 극복해가는 이야기다. 그런데 왜 세균에게 인구 조절이 필요할까? 같은 편이 많으면 많을수록 좋지 않을까? 갑작스런 개체의 증가는 영양분이 충분하고 공급이 계속될 때는 문제가 되지 않지만 자연상태에서는 그런 경우가 아주 드물다. 따라서 세균은 항상 환경의 변화에 따라 자신의 개체 수를 인지하고 조절해야 한다. 게다가 조용히 기주의 면역반응을 피하는 데도 효과적이다. 이제부터 세균의 영리한 생존전략을 소개하겠다.

# 눈에서 빛이 나는 하와이 오징어

먼저 바다에서 이야기를 시작해보겠다. 50년 전 미국의 세균학자 J. W. 헤이스팅스J. W. Hastings는 1년 중 어떤 시기만 되면 하와이의 해변가에서 밤마다 엄청나게 강한 빛의 덩어리가 무리지어 움직이는 현상이 일어난다는 사실을 알게 되었다. 그는 이 현상의 원인을 밝혀내기 위해 실험을 시작했다.

그 지역의 어부들은 바다에서 빛을 내는 것이 그곳에 사는 하와이 오징어, 정확히는 오징어의 눈이라는 사실을 오래전부터 알고 있었다. 또한 낮에 오징어를 잡아서 어두운 곳으로 이동시키면 발광현상이 나타나지 않는다는 사실도 알고 있었다. 이 점이 과학자의 호기심을 더욱 자극했다. 이 현상을 어부들로부터 전해 들은 헤이스팅스는 이 빛이 결국 오징어의 눈 안에 있는 세균 덩어리에서 발생한다는 것을 밝혀낸다. 이 세균의 이름이 비브리오 피셔리Vibrio fischeri, Aliivibrio fisheri다. 어부Fisher들에 의해 알려진 세균이기 때문인지는 모르지만 재미난 이름이다.

그런데 비브리오 피셔리는 어째서 오징어의 눈 안에서 빛을 내는 걸까? 오징어는 바닷속에서 플랑크톤을 먹고 사는데, 낮에는 자신의 포식자들이 많기 때문에 밤에 주로 먹이를 먹는다. 오징어의 먹이는 빛을 보고 몰려오는 식물성 플랑크톤이다. 그래서 오징어는 어두운 밤에 플랑크톤을 유인할 별도의 방법이 필요했고, 그 때문에 비브리오 피셔리와 모종의 협약을 맺은 것이다. 비브리오 피셔리가 빛을 내주면 플랑크톤이 몰려오고 오징어는 이 세균에게 식사(영양분)를 제공한다! 멋진 협약이다. 그런데 비브리오 피셔리를 분리하여 실험실에서 키워보니 더 재미난 현상이 관찰되었다.

일반적으로 다른 생명체도 마찬가지지만 세균은 전형적으로 S자 형태의

곡선을 그리면서 자란다. 사람이나 다른 동물들이 성장하는 모습을 생각하면 이해하기 쉽다. 태어나서 어느 시기가 될 때까지는 일정한 속도로 자라다 사춘기에 이르면 폭발적으로 자란다. 그리고 성인이 될 때쯤 성장 속도가 급속히 느려지거나 정지한다. 마치 S자를 보는 듯하다. 한 개체의 성장뿐 아니라 집단의 성장도 마찬가지다. 세균도 때가 되면 개체의 수가 폭발적으로 늘어난다. 이 단계를 지나면 영양분이 고갈되어 더 이상 자라지 못하는 안정기에 접어든다. 만약 세균 한 마리가 한 개의 신호물질을 만들어낸다면 1억 마리의 세균은 1억 개의 신호물질을 만들어낼 것이다. 비브리오 피셔리가 이 법칙을 따른다면 한 마리만 있으면 약한 빛을 내고 여러 마리가 있으면 강한 빛을 낼 것이다. 하지만 이 세균은 이런 경향을 무시한다는 사실이 관찰되었다. 비브리오 피셔리는 수가 적을 때는 약하게 빛을 내는 것이 아니라 아예 빛을 내지 않다가 수가 어느 정도에 이르면 갑자기 빛을 내기 시작한다. 오랫동안 세균을 키우다 보면 깜깜한 방에서 어느 순간 갑자기 빛이 짠! 하고 나타나는 것을 볼 때가 있다. 바로 이런 경우다. 마치 계단처럼 급격한 변화를 보이는 양상을 S형 생장곡선으로는 설명할 수 없었기 때문에 헤이스팅스는 이 현상에 대해 자연적 유도현상 Autoinduction이라는 새로운 이름을 붙였다. 어떤 시점에 자동으로 특별한 표현형이 유도되기 때문인데, 이 경우 특별한 표현형이란 발광이다.

그런데 하와이 오징어와 비브리오 피셔리의 협약에 한 가지 문제가 있다. 아무리 협약이라 하더라도 비브리오 피셔리가 너무 많아지면 오징어에게 오히려 병원균처럼 작용해 해를 끼칠 수 있다. 따라서 비브리오 피셔리의 양은 병이 나지는 않지만 빛은 낼 수 있는 적당한 숫자로 제한돼야 한다. 이를 알고 있는 오징어는 아침이 되면 이 세균을 바다로 내뿜어 체내의 숫자를

줄인다. 그렇게 바다로 쫓겨난 비브리오 피셔리는 다시 밤 동안 머물 오징어 숙소를 찾아다닌다. 오후가 되면 아침에 비브리오 피셔리를 내보낸 오징어도 다시 이 세균을 모으기 시작한다. 방법은 간단하다. 눈 주위에 비브리오 피셔리가 좋아하는 먹이를 준비하고 기다리기만 하면 된다. 어젯밤에 비브리오 피셔리를 눈에 남겨둔 오징어는 걱정할 것이 없고, 그렇지 않더라도 이 세균은 바닷속에 늘 있으니 문제될 게 없다. 동료의 수가 충분하지 않으면 이 세균은 빛을 내지 않기 때문에 오징어는 밤까지 꾸준히 모아 충분한 양이 될 때까지 기다린다. 바꿔 말하면 오징어는 이 세균의 수가 어떤 수치에 이르러 자연적 유도현상을 일으켜 빛을 낼 때까지 기다린다. 비브리오 피셔리의 입장에서는 동료의 수가 적정한 선을 넘지 않으면 오징어에서 안전히 지낼 수 있다.

비브리오 피셔리와 오징어의 공생관계는 동물-세균의 공생 모델로 여전히 많은 연구가 진행되고 있다.

## 때가 돼야 일하는 세균들

비브리오 피셔리처럼 빛을 내는 세균은 동물이 제공하는 먹이를 먹으며 일정하게 숫자를 늘리다가 어느 순간에 이르면 빛을 낸다. 이 빛의 근원은 빛을 내는 단백질이다. 빛을 내는 단백질 루시퍼레이스luciferase*는 이 단백질을 생산하는 세균의 수가 어느 정도에 이르지 않으면 전혀 만들어지지 않다

---

\* 산소와 결합하여 빛을 만들어내는 효소다. 성경에 나오는, 원래 빛의 천사였지만 나중에 어둠의 세계로 쫓겨난 루시퍼의 이름에서 따왔다.

가 정해진 숫자에 도달하면 만들어진다. 이렇게 상상하면 쉬울 것이다. 자판기에서 1,000원짜리 콜라를 뽑아 먹으려고 100원짜리 동전을 계속 넣는다. 자판기는 동전 아홉 개를 넣을 때까지는 아무 일도 하지 않다가 열 개째 동전을 넣으면 콜라를 내놓는다. 여기서 콜라가 빛을 내는 단백질이고 100원짜리 동전이 빛을 내도록 하는 신호물질이라면 당연히 비브리오 피셔리는 자판기다. 그리고 비브리오 피셔리는 이 모든 것을 스스로 판단해 조절한다.

이렇듯 일정한 수에 이르러야 어떤 활동을 시작하는 세균은 비브리오 피셔리 외에 여러 종류가 있고, 동물이나 식물에 병을 일으키는 세균들은 대부분 이러한 작용을 한다는 사실이 이후 연구를 통하여 밝혀졌다. 상추를 냉장고에 오래 두면 냄새를 내며 썩기 시작한다. 표면에 붙어 있는 펙토박테리움 카로토보룸*Pectobacterium carotovorum*이라는 세균 때문이다. 이 펙토박테리움도 일정한 숫자가 돼야 비로소 식물을 부패시키는 효소를 내놓아 식물을 썩게 한다.

그런데 비브리오 피셔리나 펙토박테리움 같은 세균은 어떻게 자기들의 숫자를 파악하는 걸까? 답은 이들이 만드는 신호물질에 있다. 이 물질은 호모세린락톤*homoserinelactone*이라는 화학물질로 구성되어 있다. 한정된 공간에서 세균이 자라면 이 신호물질이 축적되고, 세균은 신호물질의 양을 통해 동족의 수를 파악한다. 한 마리의 세균이 한 개의 신호물질을 낸다면 1억 마리가 있을 때는 1억 개의 신호물질이 주위에 있을 것이다. 이 신호물질을 통해 세균은 자신들의 수를 서로 알게 되어 일정한 수에 이르면 빛을 내는 루시퍼레이스나 식물을 썩게 하는 단백질을 만들어내는 것이다.

## 식물의 면역반응을 피하는 영리한 세균들

1992년 《유럽분자생명과학회지EMBO Journal》에 재미있는 논문 한 편이 발표되었다. 나는 2017년 영국 미생물학회에 갔을 때 이 논문을 발표한 핀란드의 민나 피로넨Minna Pirhonen 교수를 만나 논문에 얽힌 몇 가지 이야기를 들을 수 있었다. 민나 교수는 박사과정 연구주제로 식물에 무름병을 일으키는 펙토박테리움이 어떻게 식물에 병을 일으키는지를 연구했다. 펙토박테리움이 감염시킬 수 있는 식물은 1,000종이 넘으며, 대부분의 채소를 감염시켜 무름병을 일으키기 때문에 우리도 모르는 사이에 친숙한 세균이다. 냉장고에 오래 둔 상추나 배추를 무르고 썩게 만드는 바로 그 원인균이다.

민나 교수는 당시 이 무름병이 어떻게 일어나는지 연구하고 있었다. 그때까지 무름병에 대해 알려진 것이라곤 펙토박테리움이 식물에 무름병을 일으키기 위해서는 식물의 세포벽이라는 두껍고 크고 높다란 장애물을 극복해야 한다는 점 정도였다. 세균에게 식물의 세포벽은 개미에게 만리장성과도 같다. 개미라면 만리장성을 어떻게 부술까? 망치로? 아니면 대포로? 민나 교수는 오랫동안의 연구를 통해 펙토박테리움은 식물의 세포벽이 어떻게 구성되어 있는지를 알고 있다는 결론을 내렸다.

식물의 세포벽은 셀룰로오스라는 시멘트와 펙틴이라는 철근으로 구성되어 있다. 펙틴은 매우 단단한 물질이라서 나무로 지은 부석사의 무량수전이 세월이 흘러도 묵묵히 견딜 수 있는 이유이기도 하다. 그런데 펙토박테리움은 세포벽을 구성하고 있는 이 두 가지 구성성분을 레이저건처럼 한 번에 녹여버릴 수 있는 무기를 개발했다. 바로 효소다. 세균이 정말로 대단하다고 생각되는 것이, 효소를 세포벽에 막무가내로 들이붓는다고 성벽을 녹일 수 있는 게 아니다. 순차적으로 적당하게 식물에 처리해야 한다. 세균은 이 작업까지 능숙하게 해낸다. 식물의 세포벽은 여러 겹으로 되어 있기 때문에 첫 번째 벽부터 차근차근 녹여야 한다. 만약 실수로 두 번째 벽을 녹일 수 있는 효소로 첫 번째 벽을 공격하면 식물의 성벽은 무너지지 않는다. 시멘트와 철근으로 이루어진 건물 벽을 해체하려 해도 순서가 있고, 시멘트와 철근을 부수는 방법도 다 따로 있다. 그런데 식물의 세포벽은 이것보다 훨씬 복잡한 구조로 되어 있다. 민나 교수는 세균이 어떻게 이 효소들을 조절하는지, 또 세균이 현재 자신이 있는 곳이 식물의 어느 성벽이라는 것을 어떻게 인식하는지 알아내고자 했다.

민나 교수는 여러 가지 펙토박테리움 돌연변이를 만들고 식물에 감염시켜 무름병이 나지 않는 돌연변이를 찾으려고 했다. 만약 어떤 돌연변이가 식물에 병을 일으키지 못한다면 식물의 세포벽을 녹일 수 있는 효소를 만들어내는 유전자가 펙토박테리움에서 돌연변이되었다는 의미이기 때문이다. 이런 돌연변이 유전자를 찾아낸다면 이 유전자는 무름병과 직접적인 관련이 있을 터이다.

그렇게 민나 교수는 3,000여 개의 펙토박테리움 돌연변이를 만든 끝에 식물에 병을 일으키지 않는, 다시 말해 식물의 세포벽을 녹일 수 없는 돌연변이 하나를 발견했다. 그런데 이 돌연변이의 유전자는 예상과는 전혀 달랐다. 돌연변이된 이 유전자의 원래 유전자는 세포벽을 녹이는 효소를 만들어내는 일이 아니라 비브리오 피셔리에서 발견된 유전자와 같은 신호물질을 만들어내는 일을 했던 것이다. 동족의 숫자를 인식하는 일 말이다. 이 유전자가 만들어내는 물질은 비브리오 피셔리의 신호물질과 구조가 정확히 똑같았다. 세균의 인구밀도 인식 신호물질이 무름병을 일으키는 데 중요한 역할을 한다는 사실이 발견된 것이다.

민나 교수는 초기에는 실험결과가 이해되지 않았다고 한다. 토양 속에 살면서 식물에 병을 일으키는 세균이 어떻게 바다에서 발견된 세균의 신호물질을 만들어내는지 말이다. 아무튼 민나 교수는 이 신호물질을 만들지 못하는 돌연변이 유전자가 펙토박테리움으로 하여금 식물을 병들게 하지 못한다는 가설을 세웠다. 그리고 이 가설이 맞는지 확인하기 위해 피셔리가 만들어내는 화학물질을 펙토박테리움의 돌연변이와 섞은 후 식물에 접종해보았다. 그랬더니 예상했던 대로 펙토박테리움 돌연변이는 다시 식물이 무름병에 걸리게 할 수 있었다.

펙토박테리움은 신호물질 하나로 식물의 세포벽을 녹이는 다양한 효소를 만들고, 순차적 공격까지 조절할 수 있다. 그때까지는 하나의 신호물질이 하나의 단백질을 조절하는 것으로 알려져 있었기 때문에 하나의 신호물질이 이렇게 많은 효소(단백질)를 조절하는 것은 놀라운 일이었다. 펙토박테리움의 경우 하나의 신호물질이 최소 다섯 가지 효소 생산에 관여한다. 이 신호물질은 식물의 세포벽을 녹일 수 있는 다섯 가지 이상의 효소가 들어 있는 상자를 여는 비밀번호와도 같다. 이 신호물질에 의해 효소들이 활성화되면 펙토박테리움은 병원균으로 활동할 수 있다.

이제 근본적인 질문을 해야겠다. 펙토박테리움은 왜 비브리오 피셔리처럼 서로 인구조사를 해서 효소를 생산할까? 효소를 생산하는 데 동족의 수를 알아야 할 필요가 있는 걸까? 이후 여러 연구를 통해 그 이유가 밝혀졌는데, 식물에 병을 일으키려면 식물의 면역 시스템을 피해야 하기 때문이다.

우리가 관찰하는 식물과 병원균의 상호작용을 단순하게 말하면 일종의 '인식과 반응'의 결과다. 펙토박테리움 같은 병원균은 식물을 인식한 후 식물을 공격하려 하고, 반대로 식물은 병원균을 최대한 빨리 인식하여 적당한 면역반응*을 통해 자신을 보호하고자 한다. 식물의 고도의 수비전략에 맞서 세균이 이기려면 역시 고도의 공격전략을 세워야 한다. 세균은 식물이 알아챌 수 없도록 어느 정도까지 늘어나기 전에는 식물에게 어떤 반응(=공격)도 보이지 않다가 정해진 수가 되면 갑자기 세포벽을 녹이는 효소를 폭발적으로 만들기 시작한다. 만리장성을 무너뜨리겠다고 대포 한 발을 쏜들 만리장성은 무너지지도 않거니와 내부의 파수꾼에게 금방 발견되어 도리어 공격받을 게 뻔하다. 하지만 대포 1억 개가 한꺼번에 만리장성을 공격하면 만리장성은 결국 무너진다. 더욱이 식물의 면역반응이 세균을 인식하고 반응하기까지는 시간이 걸린다. 이 사실을 잘 알고 있는 펙토박테리움은 자신들의 인구인식 능력을 통해 식물의 면역반응을 멋지게 극복한다.


## 세균학에서 가장 많이 쓰이는 법률용어

민나 교수의 연구결과가 발표되자 식물에 살고 있는 세균을 연구하는 많은 과학자들이 이 세균의 인구인식 능력에 대해 관심을 갖게 되었다. 그 가운데 미국 코넬대학의 클레이 푸쿠아Clay Fuqua 교수와 그의 지도교수 스티븐 위난스Stephen C. Winans 교수가 있다. 푸쿠아 교수는 한국을 자주 방문하는 과학자로 나와 이전에도 몇 번 만나 이야기를 나눈 적이 있다.

---

\* 예전에는 식물에 관해 면역이라는 개념을 사용하지 않았다. 그러다 동물의 선천면역과 유사한 시스템이 식물에도 존재하는 것이 알려지면서 지금은 일반적으로 식물에서도 면역반응이라는 말을 사용한다. 이전에는 이 말 대신 저항성반응이라는 말을 사용했는데, 병원균에 대항하여 '저항'하는 '반응'이라는 의미다.

푸쿠아 교수와 위난스 교수는 식물에 혹을 만드는 세균인 아그로박테리움 투메파시엔스*Agrobacterium tumefaciens*를 연구한다. 아그로박테리움은 아주 독특한 방법으로 식물을 공격한다. 아그로박테리움은 자신의 DNA 조각을 식물로 보낼 수 있는데, 이 DNA 조각을 뻐꾸기 새끼를 키우는 종달새처럼 자신의 것으로 착각한 식물은 이 DNA의 단백질을 계속 만들어낸다. 이 세균이 전달한 DNA 속에는 신기하게도 식물의 호르몬인 옥신과 사이토키닌을 생산하는 정보가 들어 있다. 이 두 가지 호르몬은 식물 세포의 크기를 크게 하거나 세포분열을 촉진한다. 즉 암처럼 무한 증식하게 만드는 것이다. 암과 너무 비슷해서 이 병에는 식물 암종병이란 이름이 붙었다.

푸쿠아 교수는 박사과정 동안 아그로박테리움의 이해할 수 없는 토양 속 생활양식에 대해 연구했다. 아그로박테리움은 식물에 병을 일으키는 DNA 조각이 보관된 암종 유도 플라스미드Tumor inducing(Ti) plasmid라는 것을 가지고 있다. 플라스미드란 세균의 세포 속에서 염색체와 별개로 존재하며 독자적으로 증식할 수 있는 고리 모양의 DNA 분자를 말하는데, 세균의 생존에 꼭 필요한 것은 아니지만 세균이 다양한 환경에 적응하기 위한 기능을 한다. 무엇보다도 세균이 증식할 때 같이 증식하여 세균의 세포 속에서 계속해서 함께 생활한다. 아그로박테리움의 플라스미드 속에는 DNA 조각을 식물체로 보낼 수 있는 모든 장비들이 준비되어 있다. 그런데 이상한 점이 있다. 토양 속에 살고 있는 아그로박테리움에서는 이 플라스미드가 전혀 발견되지 않는데, 병이 든 식물체에 있는 아그로박테리움은 대부분 이 플라스미드를 가지고 있다는 점이다. 플라스미드가 하늘에서 뚝 떨어진 건 아닐 테고 어떻게 된 일일까?

푸쿠아 교수의 지도교수였던 위난스 교수는 오랜 연구를 통해 이 플라스미드도 비브리오 피셔리나 펙토박테리움의 신호물질과 동일한 화학신호를 만들어내는 유전자를 갖고 있다는 사실을 알게 되었다. 땅속 아그로박테리움은 식물의 뿌리 쪽으로 이동한 다음 이미 뿌리 부근에 도착해 있는 친구들에게 가지고 있던 플라스미드를 넘겨준다. 잠깐! 분명 앞에서 토양 속에 살고 있는 아그로박테리움에서는 플라스미드를 발견할 수 없다고 했는데, 어디서 플라스미드가 생겨났을까?

위난스 교수는 토양 속에 사는 아그로박테리움 가운데 극소수는 플라스미드를 계속 가지고 다니는 현상을 관찰했다. 아그로박테리움에게 플라스미드는 식물을 공격해 자신에게 필요한 영양분을 섭취할 때만 필요하다. 그런데 플라스미드는 상당히 크고 에너지도 많이 소비하기 때문에 계속 가지

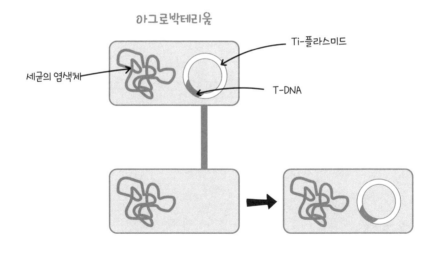

이타심 많은 몇몇 아그로박테리움은 플라스미드를 가지고 다니다 뿌리 근처에서 동료를 만나면 전달해준다

고 있기에는 부담스러운 존재다. 그래서 아그로박테리움은 토양 속에 있을 때는 재빨리 플라스미드를 버린다. 하지만 이타심 많은(아니면 가위바위보에서 진) 몇몇 아그로박테리움은 언젠가는 식물을 만날 수 있을 거라는 기대를 가지고 힘들어도 이 플라스미드를 계속 지니고 다닌다. 세균에게 이타심이 있다는 표현이 어색할지는 모르겠지만 남을 배려하는 소수 때문에 다수가 이익을 얻는다는 점에서 인간 사회와 비슷한 면을 보게 된다.

주변에 식물이 있다는 걸 알아채면 아그로박테리움은 플라스미드를 다른 아그로박테리움에 넘긴다. 이때 세균과 세균 사이에는 마치 런던과 파리를 잇는 채널터널처럼 가느다란 통로가 생기고 고속철도가 터널을 지나듯이 통로로 플라스미드가 전달된다. 신기한 점은 아그로박테리움의 숫자가 적을 때는 플라스미드 전달이 일어나지 않으며 일정한 숫자에 도달했을 때만 일어난다는 것이다. 왜일까? 플라스미드를 동료에게 전달할지 말지 아그로박테리움은 끝까지 망설인다. 지금 동료의 수를 불리는 데 충분한 영양분이 있는지 없는지 알 수 없기 때문이다. 적은 수로 식물을 공격했다간 식물의 면역반응에 의해 몰살당할 게 뻔하다. 만약 영양분이 충분하다고 판단하면 주위에 있는 아그로박테리움에게 플라스미드를 전달해서 영양분을 섭취하게 해주고 동료의 수를 늘린다. 이 모든 상황을 플라스미드가 만들어내는 신호물질이 조절한다. 앞서 설명한 비브리오 피셔리, 펙토박테리움과 비슷한 양상이다.

이 현상을 가리킬 새로운 단어를 고민하던 푸쿠아 교수는 어느날 변호사인 처형을 만나게 되었다. 무엇을 그렇게 고민하느냐는 처형의 질문에 푸쿠아 교수는 자신이 연구하고 있는 세균의 인구인식 이야기를 들려주었다. 이야기를 다 들은 처형은 세균의 인구인식 능력에 정족수 인식Quorum sensing이란 이름을 붙이자고 제안했다. 미국에서는 재판을 할 때 배심원 제도를 취하고 있다. 일반인들로 구성된 배심원의 찬성과 반대가 과반수를 넘느냐에 따라 유죄와 무죄가 결정된다. 이와 같이 어떤 일을 결정하게 하는 최소한의 숫자를 영어로 quorum, 우리말로는 정족수라고 한다. 세균의 인구인식 능력을 의미 있고 간단하게 부를 수 있는 단어를 찾아낸 순간이었다. 이후로 쿼럼은 세균학에서 가장 많이 불리는 법률용어가 되었다.

## 정족수 인식 교란하기

2017년 봄 나는 영국 에든버러에서 열린 미생물학회에서 중국의 미생물학자 리엔후이 장<sup>Lian Hui Zhang</sup> 교수를 만났다. 장 교수가 한국을 방문했을 때의 인연으로 오랜만에 서로의 연구에 대해 이야기를 나누었다. 장 교수는 예전부터 정족수 인식에 관한 새로운 신호전달 물질을 찾는 연구를 계속해왔고, 정족수 인식 교란<sup>Quorum quenching</sup>을 발견하는 큰 업적을 이루었다. 이 내용은 지금까지 내가 이야기한 내용과 방향이 좀 다르다.

세균을 분류하는 방법은 여러 가지가 있다. 크게 두 가지로 나눌 수도 있는데, 그람음성세균과 그람양성세균이다. 이 구분은 한스 크리스티안 그람<sup>Hans Christian Joachim Gram</sup>이라는 미생물학자가 개발한 미생물 염색방법을 이용한 것이다. 세균에 그람 염색을 하면 세포벽의 두께와 구성성분의 차이 때문에 염색 시약이 잘 스며들거나 스며들지 않는다는 차이점이 생긴다. 그람음성세균은 세포벽이 얇고 그람 염색이 잘되지 않으며, 그람양성세균은 세포벽이 두껍고 그람 염색이 잘된다. 식물 병원성 세균 대부분은 그람음성세균이다. 이유는 아직도 정확하게 알려지지 않았다. 정족수 인식에 대해 지금까지 한 이야기의 주인공들도 모두 그람음성세균이다.

그람음성세균이 만드는 화학신호 물질은 호모세린락톤이다. 그람음성세균들은 이 물질을 이용해 동족끼리 정족수 인식을 하고, 심지어 종이 다른 그람음성세균과도 서로 정족수 인식을 하는 것으로 알려져 있다. 하지만 자연계에는 그람음성세균만 존재하는 것이 아니라 그람양성세균도 많다. 그람음성세균과 비교하면 수적으로 미미하지만 말이다.

장 교수는 자연계에서 이 두 종류의 세균이 지금까지 공존했다면 분명 서로 견제하는 작용이 있었을 거라고 가정했다. 특히 그람음성세균으로 가득 찬 세상에서 그람양성세균이 살아가려면 특별한 수단이 있을 거라고 생각했다. 한정된 공간에 그람음성세균이 많아지면 결국 먹이경쟁에서 그람양성세균은 밀릴 수밖에 없다. 그람음성세균은 동물이나 식물이 분비하는 물질을 이용하는 효율이 높아서 짧은 시간에 다 자라지만 그람양성세균은 매우 천천히 자란다. 하지만 자연에는 늘 일정 정도의 그람양성세균이 존재한다. 그람양성세균에게 나름의 무기가 있다는 이야기다. 장 교수는 그람양성세균이 그람음성세균의 정족수 인식을 방해하는 무기를 갖고 있을 것이라는 데 생각이 미쳤고, 마침내 그것을 찾아냈다. 그람양성세균에서 그람음성세균의 신호물질을 분해하는 효소를 발견한 것이다.

장 교수는 자신의 결과를 어떻게 응용할지 고민하다가 식물이 이 효소를 만들게 해보았다. 앞에서 설명했듯이 식물에 병을 일으키는 그람음성세균은 정족수 인식 능력을 이용하기 때문에 이 능력이 중요하다. 정족수 인식은 그람음성세균이 만드는 신호물질에 의해 일어나므로 그람양성세균이 이 신호물질을 분해하면 식물에 병이 나지 않을 것이라는 가설을 세운 장 교수는 실험으로 이 가설이 맞음을 증명해냈다. 그람음성세균의 신호물질을 분해하는 효소를 만드는 담배에는 펙토박테리움이 병을 일으키지 못한 것이다. 미생물이 사는 세계에서는 이 두 그룹이 엄청난 전쟁을 벌이고 있음을 확인한 순간이었다.

덧붙이자면 이 글은 영국 에든버러의 코끼리카페Elephant House에서 쓰기 시작했다. 코끼리카페는 판타지 소설 《해리 포터》가 탄생한 곳으로, 에든버러에 오는 사람들은 꼭 들르는 명소다. 《해리 포터》의 작가 조앤 K. 롤링이 앉았던 자리에 앉아 글을 쓰는 동안 느꼈던 기쁨과 설렘이 지금도 마음속에 남아 있다.

# 5

# 적과의 동침: 식물을 먹으려고 서로 돕는 미생물과 곤충

전 세계의 식물 휘발성 물질 <sup>Plant volatiles</sup>을 연구하는 과학자들은 2년에 한 번씩 모여서 그동안 연구한 성과들을 발표하는 학회를 연다. 2018년에 열린 최근 학회는 오페라 〈라보엠〉, 〈토스카〉, 〈나비부인〉 등을 작곡한 푸치니의 고향인 이탈리아 루카에서 열렸다. 나는 마침 이 학회에 참석하기 위해 이탈리아에 가서 이 글을 썼다. 이 학회의 주요 관심사는 식물이 어느 때 냄새(휘발성 물질)를 생산하는가, 그 냄새의 역할은 무엇인가이다.

　식물에 가까이 다가가면 다양한 냄새를 맡을 수 있다. 물론 꽃에서 나는 향기가 대부분이지만 민트는 잎에서도 향이 나고, 계피는 줄기껍질 속에서도 냄새가 난다. 또한 곤충이 식물을 씹어 먹으면 식물은 도와달라는 외침으로 소리 대신 냄새를 풍긴다.

　2018년 학회의 주제는 곤충과 식물의 상호작용이었다. 곤충과 식물의 상호작용을 연구하는 전 세계의 연구자들이 모여 5일 동안 아침 8시부터 밤 10시까지 다양한 정보를 주고받았다. 이번 학회에서 곤충의 행동은 어떻게 조절되는가에 대해 강한 흥미를 느끼게 되어 독자 여러분께도 본격적으로 소개하면 좋겠다는 생각이 들었다.* 이 장은 식물을 차지하려고 서로 이용하거나 돕는 곤충과 미생물에 관한 이야기다.

## 곤충 버스를 탄 바이러스

36년 전 곤충학자 피터 프라이스Peter W. Price는 곤충과 식물의 상호작용에서 제3자가 없으면 생태계의 여러 현상들을 설명할 수 없다고 생각했다. 그는 그 나머지 하나를 추가하여 '제3자 수준의 상호작용'이라는 개념을 주장했다. 이 개념은 당시에는 크게 주목받지 못했지만 이후 후배 곤충학자들에게 큰 영향을 미쳤다. 여기서 '제3자'로는 천적(식물을 먹는 곤충을 직접 먹거나 그 몸속에 알을 낳는 곤충들)과 미생물이 있다. 이 장에서는 그중에서 미생물이 어떻게 곤충과 식물의 상호작용에서 핵심적인 역할을 하는지 소개하겠다.

곤충과 식물 그리고 미생물 사이에서는 어떤 일이 벌어지고 있을까? 우선 가장 쉽게 예상할 수 있는 건 곤충이 병원성 미생물을 전달하는 매개자 역할을 한다는 것이다. 식물의 입장에서는 곤충이 병원균을 옮기고 다니는 것이지만, 미생물의 입장에서는 살아가려면 식물 쪽으로 움직여야 하기 때

---

* 또한 얼마전 《숙주인간-우리의 생각을 조종하는 내 몸속 작은 생명체 이야기》(캐슬린 매콜리프 지음, 김성훈 옮김, 이와우, 2017)를 재미있게 읽어 곤충과 미생물의 관계에 대해 소개하고픈 생각이 더해졌다.

문에 곤충의 힘을 빌리는 것이다. 세균이나 바이러스에게 식물은 너무나 크다. 특히 자연상태에서 자신이 먹고 싶은 식물을 찾아서 '맞춤 쇼핑'을 하는 것은 쉬운 일이 아니다. 눈도 코도 귀도 없는 미생물이면 더욱 그렇다. 그래서 미생물이 선택한 가장 좋은 방법이 볼 수 있고 냄새 맡을 수 있으며 소리도 들을 수 있어 자신이 좋아하는 식물로 자유롭게 이동할 수 있는 친구의 도움을 받는 것이다. 바로 곤충이라는 버스에 타는 것이다. 바이러스가 그렇게 행동하는 대표적인 미생물이다.

식물 바이러스는 혼자서 할 수 있는 일이 없다. 번식할 수 있는 유일한 기회는 운 좋게 식물의 세포질 속에 들어갔을 때만이다. 곤충이 없으면 살아 있다고 이야기할 수 없을 만큼 곤충에 대한 의존성이 높고, 스스로의 힘으로는 자가복제(다음 세대의 자손을 생산하는 것)를 할 수 없으므로 식물에 들어가 그 세포 속에서 세포가 가진 여러 단백질과 유전물질을 이용한다. 남의 둥지에 마음대로 들어가 알을 낳고 새끼는 다른 새가 키우도록 내버려두고는 줄행랑 치는 뻐꾸기가 생각난다(그런데 앞서 소개한 '이타심 넘치는' 아그로박테리움도 비슷하게 행동한다는 사실!). 바이러스는 곤충이 식물을 먹으면서 낸 상처를 통해 침입한다. 식물까지 모셔다드리고 문도 열어주고 들어간 것까지 확인해주는 착한(?) 조력자 친구인 곤충을 두고 있으니 바이러스는 대단한 미생물이다.

곤충이 자기가 먹던 식물에 묻어 있는 바이러스를 의도치 않게 다른 식물에 전달하기도 하지만, 대부분의 식물 병원성 바이러스는 의도적으로 곤충을 이용해 식물에서 식물로 옮겨 다닌다. 또 곤충이 의도적으로 바이러스를 받아들이는 경우도 있는데, 이런 경우 곤충은 자기 몸을 바이러스가 증식할 수 있는 공간으로 제공한다는 연구결과가 많이 보고되어 있다. 바이러스에게 곤충은 자가배양을 위한 인큐베이터다. 바이러스는 식물을 공격하기에 앞서 곤충의 몸속에서 그 수를 늘리고 전열을 정비하기까지 한다. 그렇다면 이 곤충이 바이러스의 기주일까? 그렇지는 않다. 식물 병원성 바이러스가 곤충의 몸속에서 자라기는 해도 곤충을 죽인다는 보고는 아직 없기 때문이다.

이런 바이러스를 품고 있는 곤충들은 행동이 다소 이상하다. 바이러스의 기주 식물 쪽으로 자꾸 날아가려고 하는데, 바이러스 입장에서는 당연한 일이다. 어떻게 이런 일이 가능할까? 또 다른 질문을 통해 답을 찾아볼 수 있다. 바이러스에 이미 감염된 식물이 있다면 곤충은 그쪽으로 날아갈까? 바이러스 입장에서 이미 바이러스에 감염된 식물에 다시 감염을 시도하는 것은 먹이경쟁에서 현명한 결정이 아니다. 예상한 대로 바이러스에 감염된 곤충은 바이러스에 감염된 식물에 거의 이끌리지 않았다. 도대체 바이러스가 어떻게 곤충을 조종하기에, 경쟁이 필요 없는 빈집(식물)만 골라 들어갈 수 있는 걸까?

대답은 간단하다. 바로 식물의 냄새, 즉 식물 휘발성 물질 때문이다. 식물의 냄새를 분석한 결과 바이러스에 감염된 식물이 생산하는 냄새와 그렇지 않은 식물의 냄새는 확연히 달랐다. 곤충도 이 냄새의 차이를 알고 있음이 실험에서 여러 차례 확인됐다. 몸속에 바이러스가 있는 곤충은 바이러스에 감염된 식물의 냄새에 덜 민감했다. 어떻게 바이러스가 곤충의 움직임까지 조절하는지 아직 밝혀지지는 않았지만, 바이러스가 곤충의 호르몬이나 2차 대사산물을 교란하여 뇌에 영향을 주고 이 때문에 행동도 영향을 받는 것이 아닐까 예상한다. 이는 앞으로 젊은 과학자들이 풀어야 할 중요한 숙제 중 하나다.

# 오이와 풍뎅이를 조종하는 에르위니아

이제 곤충의 행동을 조종하는 세균을 하나 소개하겠다. 에르위니아 트라케이필라*Erwinia tracheiphila*가 그 주인공인데, 버스가 되는 곤충인 오이줄무늬풍뎅이와 세균인 에르위니아 둘 다 오이의 악명 높은 병해충이다. 원래 세균보다 바이러스가 곤충 버스를 애용하는데, 이런 관점에서 보면 에르위니아는 오이줄무늬풍뎅이에 아주 잘 적응한 세균이다. 자연상태에서는 세균이 바이러스보다 버티기가 더 힘들다. 대부분의 바이러스는 영양분이 없는 조건에서도 휴면상태로 버틸 수 있지만 세균은 그럴 수 없기 때문에 곤충과 좀더 밀접하게 관계를 맺을 필요가 있다. 오이를 죽이기 위해서는 정말 죽이 잘 맞는 조합이 필요한데, 오이줄무늬풍뎅이와 에르위니아는 딱 그런 팀이다. 그러면 어떻게 이 조합이 식물을 죽이는 걸까?

에르위니아에 감염된 오이는 냉장고에서 오래 방치된 양상추처럼 심한 냄새를 풍기며 죽는다. 한두 그루의 오이가 이런 병에 걸리는 건 괜찮지만 몇천 평의 밭이 이렇게 되면 이야기가 달라진다. 다행스럽게도 우리나라에서는 이 병이 대발생했다고 보고된 적이 없다. 미국에서 박사과정 중일 때 나는 이 병에 걸린 오이에서 병원균을 분리하려고 시도했지만 분리하기가 너무나 어려웠다. 분명히 병원균이 있음을 현미경으로 관찰했어도 배지medium*에서는 아무것도 자라지 않았다. 그래서 에르위니아는 오랫동안 그 존재는 알아도 키울 수는 없는 미스터리한 병원균이었다.

---

* 미생물이 잘 자라게 만든 액체나 고체로 된 배양도구다. 곰팡이나 세균이 자라는 데 꼭 필요한 탄소와 질소, 미량 원소들이 들어 있고, 고체로 만들 때는 영양분과 함께 한천을 넣어 고온에서 끓인 다음 굳혀서 사용한다.

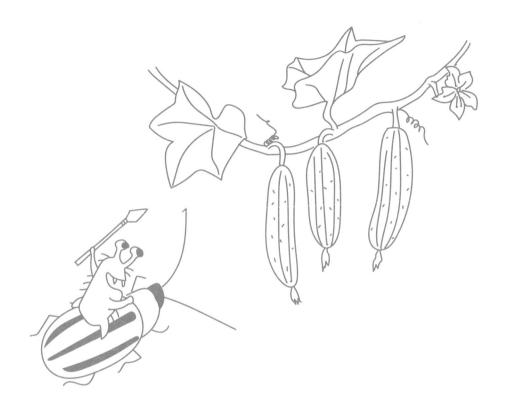

 이제부터 에르위니아의 공짜 여행을 따라가보자. 에르위니아가 곤충 몸
속에 들어간 게 먼저인지 오이 속에서 오이를 공격한 게 먼저인지는 알 수
가 없다. 닭이 먼저냐 달걀이 먼저냐처럼 그 시작을 따질 수 없기에 오이를
죽이고 있는 에르위니아에서 시작하겠다. 세균의 경우 앞서 소개한 바이러
스와는 이야기가 조금 다르다. 노아의 방주도 연상되고, 셔틀버스도 연상되
는 이야기다. 에르위니아는 오이를 먹어치우다 오이가 죽으면 자신도 함께
죽기 때문에 그 전에 그동안 불어난 식구들을 모두 구조해야 한다. 신기하
게도 그때쯤이 되면 오이줄무늬풍뎅이들이 다시 오이를 먹으러 오고 에르
위니아들은 곤충의 몸속으로 옮겨 간다. 오이의 떫은 맛을 내는 쿠쿠르비타

신cucurbitacin이라는 물질 덕분이다. 이 물질은 오이가 병원균을 막기 위해 만드는 항생물질인데, 안타깝게도 에르위니아는 영향을 받지 않는다. 에르위니아 때문에 급격히 증가한 이 물질은 오히려 오이줄무늬풍뎅이들을 끌어들인다. 풍뎅이들이 이 냄새를 맡으면 좋아서 어쩔 줄을 모른다. 에르위니아에게는 인구폭발로 살기 힘든 곳에서 탈출시켜주고 새로운 신세계로 인도할 노아의 방주가 도착한 것이다. 풍뎅이 역시 실컷 오이를 먹고 새로운 식물로 옮겨 간다.

오이줄무늬풍뎅이의 봉사는 여기서 끝나지 않는다. 오이가 자라지 않는 겨울 동안 오갈 데 없는 에르위니아를 위해 자신의 몸을 편안한 호텔로 제공한다. 곤충의 몸속에서 에르위니아가 월동하는 것이다. 곤충이 집과 운송수단 모두를 제공해주니 이렇게 훌륭한 조력자가 또 없다. 다시 봄이 되어 오이줄무늬풍뎅이가 오이를 먹을 때면 에르위니아는 오이 속으로 들어간

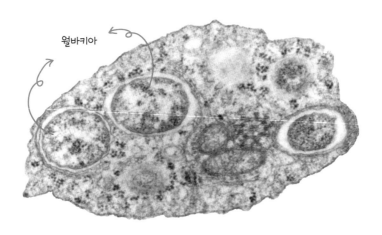

월바키아

동물의 세포 속에 사는 월바키아

다. 그리고 오이는 병이 든다. 그야말로 '꿀조합'이다.

에르위니아와 반대로 세균이 곤충의 충실한 조력자 역할을 하는 사례도 있다. 월바키아라는 세균은 아직 인공적으로 키울 수 없고 오직 곤충의 세포 속에서만 자란다고 보고되어 있다. 하지만 곤충과 함께 사는 세균 중에서는 가장 유명하다. 세균이 곤충과 같이 산다고 하면 대부분은 장 속에서 사는 세균을 상상할 것이다. 그런데 월바키아는 장이 아니라 세포에서 산다. 어떻게 된 일일까?

식물 세포의 엽록체와 미토콘드리아가 원래는 세포 안에 살던 세균이 세포 내 소기관으로 발달한 것이라고 알려져 있듯이, 월바키아 역시 엽록체나 미토콘드리아 같은 세포 내 소기관으로 발달하기 전 단계에 있는 것은 아닐까 생각된다. 곤충도 미토콘드리아처럼 월바키아를 어미로부터 물려받는다고 한다. 그렇다면 이 세균이 맡은 일은 무엇일까? 곤충의 생활사에 없어서는 안 될 일을 한다고 한다. 곤충의 발달, 다시 말해 알에서 애벌레, 번데기, 그리고 성충이 되는 과정에서 월바키아가 없으면 문제가 생긴다.


## 곤충의 역습, 세균을 부리는 곤충

지금까지는 주로 미생물이 곤충을 이용하는 예를 소개했다. 이제부터는 반대로 곤충이 주인이 되어 미생물을 이용하는 예를 소개하겠다. 미국 펜실베이니아주립대학의 개리 펠턴Gary Felton 교수 연구팀은 이 주제를 오랫동안 연구해왔는데, 2013년 곤충-미생물-식물의 상호작용에 관한 두 편의 논문을 발표해 학계의 큰 주목을 받았다. 팀에서 이 연구를 이끈 과학자가 정성호 박사다. 그는 세계 최초로 곤충의 장 속에 있는 세균이 곤충으로 하여금 식물을 더 쉽게 공격하도록 도와주는 역할을 규명했다.

정성호 박사는 콜로라도감자풍뎅이와 식물의 상호작용을 연구하던 중 이 곤충이 식물을 먹을 때 깔끔하게 다 먹지 않고 입에서 많은 물질들을 다시 뱉어내는 것을 관찰했다. 여기까지는 그렇게 특별하지 않다. 곤충들이 식물의 세포벽이나 독성물질들을 분해할 때 장 속에서 만든 효소 복합체를 분비하곤 하기 때문이다. 식물이 이때 분비물질을 감지해 곤충이 공격하고 있음을 인지한다는 연구도 다양하게 진행되었다. 그런데 정 박사는 곤충이 외부로 내놓는 물질에 미생물이 들어 있는지가 궁금했다. 조사결과 역시 많은 세균들이 들어 있었다. 그렇다면 콜로라도감자풍뎅이는 도대체 왜 장 속 세균들을 토해내는 걸까?

정성호 박사가 이 세균의 역할을 알아보기 위해 분리한 세균들을 식물에 접종해보았더니 식물에서는 눈에 띄는 반응이 없었다. 그래서 이번에는 콜로라도감자풍뎅이를 세균을 접종한 식물체 위에 올려놓았다. 그랬더니 재미있는 현상이 일어났다. 신기하게도 이 풍뎅이는 살이 엄청나게 쪘다. 미리 세균을 처리하지 않은 식물을 먹은 풍뎅이보다 몸무게가 훨씬 많이 불어난 것이다. 무슨 일이 일어난 걸까? 세균을 미리 처리하면 식물에서 풍뎅이를 살찌게 하는 햄버거 같은 물질이라도 만드는 걸까? 조사해보니 세균을 처리하지 않은 식물은 풍뎅이가 식물을 먹고 소화시키는 데 방해가 되는 물질을 많이 만들어냈다. 그러면 세균을 미리 처리하는 것과 이 소화 방해물질의 생산 사이에는 어떤 관계가 있을까? 세균을 미리 처리한 식물에서 눈에 띄게 관찰되는 변화는 식물 체내에서 살리실산의 농도가 급격하게 증가한 것이었다.

그런데 여기서 약간의 배경지식이 필요하다. 세균의 공격을 받으면 식물은 살리실산을 만든다. 이때 살리실산의 역할에 대해서는 살리실산 자체가 세균을 죽이기보다는 식물이 움직이지 못하는 단점을 극복하기 위해 한 부분에서 받은 공격을 다른 부분으로 전달하여 혹시 다시 올지 모르는 병원균의 공격에 대비하도록 한다는 것이 더 설득력 있는 설명이다. 이것을 다른 측면에서 보면 식물이 자신의 에너지를 효율적으로 사용하려는 행동이다. 식물이 저항성신호를 온몸에 전달하여 면역 유전자를 발현시키려면 소비되는 에너지가 많기 때문에 에너지를 적게 사용하는 방향으로 발전해온 것이다. 그 결과 식물 병원성 미생물에 대한 저항성은 살리실산 신호전달 체계가 맡고, 곤충에 대한 저항성은 자스몬산 신호전달 체계가 맡게 되었다. 두 신호전달 체계를 모두 가동시키려면 많은 에너지가 들기 때문에 하나를 켜면 다른 하나는 꺼두는 경우가 많다.

콜로라도감자풍뎅이는 바로 이 점을 잘 이용한다. 일단 세균을 식물에게 보내면 식물은 이를 병원균으로 인식해 살리실산을 발현한다. 이와 동시에 에너지를 아끼기 위해 곤충에 대한 저항성반응을 담당하는 자스몬산 신호전달 체계는 억제한다. 식물이 분비하는 곤충의 소화효소 방해물질은 이 자스몬산이 활성화될 때 만들어진다. 세균 덕분에 자스몬산 신호전달 체계가 꺼졌으니 콜로라도감자풍뎅이는 식물을 마음껏 먹어치울 수 있어 몸무게가 많이 불어나고 반대로 식물은 죽게 된다.

이렇게 하여 콜로라도감자풍뎅이가 왜 세균을 토해내는지에 대한 의문은 풀렸다. 하지만 이게 끝은 아니니 다음 과제는 이러한 현상이 일반적인지 알아내야 한다. 연구팀은 자연상태와 밭에서 자라는 다양한 가짓과 식물로부터 콜로라도감자풍뎅이를 채집하여 장 속에 어떤 미생물이 있는지 조

식물을 공격하는 건 풍뎅이지만 풍뎅이가 뱉는 세균들 때문에 식물은 곤충에 대한 저항성반응은 끄고 세균에 대한 저항성반응을 켠다.

사했다. 예상했던 대로 식물의 종류에 따라 매우 다양한 세균이 살고 있었고, 이 세균들은 앞서 관찰한 대로 병원균을 상대하는 식물의 살리실산 신호전달 체계를 활성화했다. 그런데 식물에 따라 활성화하는 정도는 달랐다. 정확한 이유는 아직 밝혀지지 않았지만, 아마 식물도 곤충의 이런 전략을 미리 알고 덜 민감하게 바뀐 것은 아닌가 하는 생각이 든다.

이 장에서는 식물을 차지하기 위한 곤충과 세균의 서로 물고 물리는 상호작용을 살펴보았다. 자연에서는 곤충이 세균을 이용하기도 하고 세균이 곤충을 이용하기도 한다. 이렇게 보면 자연계에 우연은 없는 것 같다. 미생물과 곤충의 상호작용이 식물에 영향을 주고, 이 영향이 다시 곤충과 미생물에 영향을 주니 말이다. 우리가 잘 모르고 이해하지 못한다고 해서 쉽게 단정하는 것은 위험한 일이다. 따뜻한 눈길로 깊이 성찰하며 자연을 가까이 들여다보면 신기하기만 했던 현상들이 그 비밀을 우리에게 보여줄 것이다. 지금까지는 미생물 연구를 위한 기술이 부족하여 단편적으로 접근할 수밖에 없었지만 앞으로는 미생물이 어떻게 곤충에 영향을 주는지, 곤충은 어떻게 미생물을 적당하게 기르고 적당한 시기에 식물에게 전달하는지, 식물은 이 세균을 어떻게 인식하는지와 같은 수많은 질문들에 답할 수 있을 것이다. 미생물은 절대 곤충이라는 버스에 무임승차하지 않는다.

이탈리아 루카에서 열린 이번 식물냄새학회에서는 기대했던 것 이상으로 다양한 연구결과들이 소개되었다. 수정에 도움이 되는 곤충을 유인하기 위해 곤충의 페로몬과 비슷한 물질 등 다양한 물질을 분비하는 식물들이 많이 소개되었고, 이 책에서 소개한 미생물의 역할에 대해서도 많이 발표되어 곤충과 미생물의 상호작용에 대한 관심이 높아졌음을 알 수 있었다. 우리가 꽃향기로 알고 있는 몇몇 냄새가 사실은 미생물이 꽃 속에서 만드는 냄새라는 사실을 알게 되니 이 장에서 소개한 이야기들처럼 미생물이 버스를 타기 위해 신호를 보내는 것 같다. 식물과 곤충, 미생물의 상호작용에 대해 또 어떤 비밀이 밝혀질까? 다음 식물냄새학회가 기다려진다.*

---

* 학회에 대한 자세한 내용은 다음 웹사이트에서 찾아볼 수 있다. https://www.grc.org/plant-volatiles-conference/2018/.

# 6

# 인간의 경쟁자 미생물:
# 적으로 적을 잡는 이이제이 전략

한국생명공학연구원이 있는 대전은 나무가 많기로 유명한 곳이다. 예전에 대전시가 중점 목표 중 하나로 나무 3,000만 그루를 심기로 하고 꾸준히 진행해왔다고 한다. 이것이 큰 역할을 했다. 나무가 많아지면 풍광이 아름다워지는 것은 말할 것도 없고, 전 세계적으로 문제가 되고 있는 과다한 탄소 배출이나 기후 상승, 미세먼지 문제의 가장 간단하고 근본적인 해결책이 되어준다.

　나는 2012년부터 3년 동안 현재 농촌진흥청에서 박사후 연구 중인 정준휘 박사와 함께 대전시의 지원을 받아 '건강한 가로수 과제'를 수행했다. 간단히 설명하면 가로수 잎에 나무를 튼튼하게 만들어주는 미생물을 처리하는 프로젝트다. 사실 관리자 입장에서 보면 손이 너무 많이 가는 식물이 가로수다. 가로수에는 생각보다 많은 양의 농약을 뿌려야 한다. 그럴 수밖에 없는 게 외부에 항상 노출되어 있어서 여러 병원균에 취약하고, 일년생 농작물과 달리 문제가 생긴다고 해서 그 큰 나무를 쉽게 뽑아버릴 수도 없기 때문이다. 병원균만 문제가 아니다. 가로수는 늘 매연이 가득한 도로 옆에서 살기 때문에 공해물질을 이겨내지 못하면 수십 년을 살 수가 없다. 오늘 거리에서 본 가로수는 이런 문제를 최소화할 수 있도록 다양한 관문을 통과해 선발된 나무고, 앞으로 적어도 수년에서 많게는 수십 년을 거뜬히 버틸 생명체다. 그렇다면 왜 가로수에 미생물을 처리하려는 걸까? 가로수에 미생물을 한두 번만 뿌려주면 나무에 계속 붙어 자라며 농약이 없어도 나무를 오랫동안 건강하게 해주기 때문이다. 우리는 나무를 튼튼히 해줄 미생물을 찾는다는 목표를 세우고 연구를 시작했다.


## 나뭇잎에서 똘똘한 세균을 찾자

나와 정준휘 박사는 나무에 뿌릴 미생물을 찾기 시작했지만 그렇게 쉬운 작업은 아니었다. 언뜻 생각하기에 실험실이 이미 가지고 있는 수천 종의 미생물 가운데 가장 좋은 미생물을 찾으면 되지 않나 싶겠지만, 이렇게 얻은 미생물을 실제로 나무에 처리하면 환경에 잘 적응하지 못하기 때문에 후보가 되지 못한다. 후보는 자연에서 찾아야 한다.

미생물을 찾기 위해 제일 먼저 고민한 것은 그동안 자연에서 나무를 튼튼히 해줬던 후보 미생물을 어떤 나무에서 분리해야 하는가였다. 대전에는 열 종 이상의 가로수가 있는데, 그 가운데 제일 많은 나무가 이팝나무, 은행나무, 벚나무다. 그래서 이 세 종류의 나무에서 미생물을 찾아야겠다고 결정했다. 그럼 커다란 나무의 어느 부분에서 미생물을 분리해야 할까? 일반 농작물의 경우 미생물의 종류가 가장 많은 뿌리에서 미생물을 찾는다. 하지만 미생물을 찾겠다고 가로수의 뿌리를 파낼 수는 없는 법이다. 여기에는 다른 이유도 있는데, 나중에 이 미생물을 다시 뿌리에 부어주는 것도 결코 쉬운 일이 아니기 때문이다. 이런 고민에 싸여 있는데 예전에 읽었던 신문기사가 생각났다. 2008년 베이징올림픽 당시 베이징의 공해가 너무 심해서 시내에 새로 심은 가로수가 계속 죽어나가자 가로수 잎에 바실러스 세균을 뿌려서 문제를 해결했다는 내용이었다. 우리는 대전시의 허락을 받아 유성구에서 자라고 있는 나뭇잎들을 가지에서 분리해 실험실로 가지고 왔다. 잎에 뿌릴 미생물이니 잎에서 찾는 게 맞다고 생각했다. 나뭇잎에 살던 미생물이라야 나뭇잎에 뿌렸을 때 그곳에 잘 붙어 살 수 있을 것이다.

베이징에서 한 시도가 성공했듯이 세균, 곰팡이, 바이러스 같은 미생물 가운데 나무에 처리하기가 가장 적합한 생물은 세균이다. 세균은 공간적으로나 시간적으로나 적당한 녀석을 찾기가 쉽고, 일단 똑똑한 녀석을 찾기만 하면 대량으로 배양하기도 쉬워 과학자들이 선호하는 미생물이다. 특히 바실러스의 경우 환경이 좋지 않을 때 스스로 휴면상태에 들어가 휴면포자라는 것을 만든다. 이 휴면포자는 수백 년 아니 1,000년 이상을 휴면상태로 지낼 수 있다고 한다. 이집트의 미이라에서 발견한 휴면포자를 배지 위에 올리니 자라나더라는 보고도 있다. 휴면포자는 대량으로 배양해 나무에 뿌릴 때까지 오랫동안 보관할 수 있다는 장점이 있다. 대부분의 세균은 영양분과 물이 없는 조건에서는 살아가지 못한다. 대장균은 이 두 가지가 없으면 몇 분 안에 죽는다. 반면 휴면포자는 온도, 습도, 자외선 등이 극단을 달리는 극한 환경에서도 잘 견딜 수 있다. 우리는 휴면포자의 이런 특징을 이

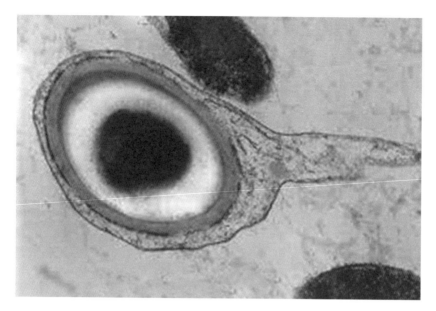

세균의 껍데기 속에 휴면포자가 들어 있다.

용하기로 했다.

　먼저 멸균한 물에 잎을 넣고 30분 정도 잘 섞어서 잎에 붙어 있는 휴면포자와 세균들이 잘 떨어지게 했다. 초음파를 물속에 쏘면 잎에 강하게 붙어 있는 세균이 좀더 잘 떨어진다. 그리고 이 물을 세균이 자랄 수 있는 배지에 도말(고르게 문지름)하고 섭씨 30도 정도의 미생물 인큐베이터에 넣어 하루를 보내면 다양한 세균이 자라난다. 대부분 구멍 난 축구공 모양의 둥근 콜로니가 만들어지는데, 이 콜로니를 다시 새로운 배지에 옮겨 그다음 실험을 하면 된다. 우리가 찾으려고 한 세균은 휴면포자를 만드는 세균이었기 때문에 우리는 여기서 한 단계를 추가했다. 배지에 옮기기 전에 이 세균이 들어 있는 물의 온도를 80도로 올리고 30분 동안 두었다. 이후 하루 이틀이 지나면 80도에서 살아남은 바실러스가 자라는 게 보인다. 이렇게 해서 살아남는 세균이 있을까 의아하겠지만, 이 과정을 거친 후에도 휴면포자를 만드는 세균을 많이 찾아볼 수 있다. 이렇게 은행나무, 벚나무, 이팝나무에서 휴면포자 만드는 세균을 잔뜩 분리한 후 어떤 종인지 살펴봤더니, 신기하게도 대부분 바실러스속에 속하는 바실러스 종류였다. 베이징 가로수에서 대활약한 그 세균 말이다.

이제 우리도 실험을 할 수 있는 재료가 준비됐다. 이제부터는 이 많은 바실러스들 중에서 똘똘한 녀석을 골라내야 한다. 우리는 먼저 분리할 세균이 가졌으면 하는 능력들을 적어봤다.

첫째 식물의 잎에 다시 뿌리면 그 잎에 잘 붙어 있어야 하고 오래 살아야 한다. 둘째 잎에 살면서 식물이 잘 자랄 수 있도록 해야 한다. 셋째 가능하면 식물이 걸릴 수 있는 다양한 병으로부터 나무를 지킬 수 있으면 좋겠다. 넷째 장기보관이 가능하고 효과도 오랫동안 지속돼서 농약처럼 사용할 수 있

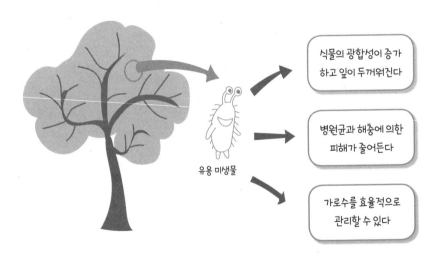

유용 미생물

식물의 광합성이 증가하고 잎이 두꺼워진다

병원균과 해충에 의한 피해가 줄어든다

가로수를 효율적으로 관리할 수 있다

으면 좋겠다. 우리는 이 네 가지 희망사항을 만족하는 세균을 찾기 위해 작업을 시작했다.


## 착한 세균의 조건

나뭇잎에서 분리해낸, 휴면포자를 만드는 3,000개의 후보 세균 중에서 어느 것이 나무의 건강에 좋은지 확인하려면 실험을 세 번씩만 해도 9,000그루의 나무가 필요하다. 더욱이 우리가 생각하고 있는 나무 세 종류 모두에 실험하려면 산술적으로 2만 7,000그루의 나무가 필요하다. 그런데 나무는 1년에 한 번만 실험할 수 있다. 게다가 나무가 잘 자라는지 확인하기 위해 키와 나뭇잎의 양을 측정하려면 이 나무들이 자랄 수만 평의 땅 외에도 측정을 맡을 인원이 필요하다. 여기서 끝이 아니다. 처리한 세균들이 병으로부터 나무를 보호할 수 있는지 실험하려면 다시 몇 배의 나무와 공간이 필요하다. 한마디로 불가능한 실험이었다.

그렇다고 전혀 방법이 없는 것은 아니었다. 나무에서 실험을 할 수 없다면 나무와 비슷하면서 빨리 자라고 좁은 공간에서도 실험할 수 있는 식물을 찾으면 된다. 일종의 미니어처 나무를 찾으면 되는 것이다. 바로 고추가 그런 식물이다. 고추라고 하면 대부분 고추 열매를 따 먹는 작물을 떠올리겠지만, 식물학자들은 '고추나무'라고 부른다. 상식과는 달리 고추는 일년생 식물이 아니라 다년생 식물이다. 온대지역에서는 겨울이 오기 때문에 죽지만, 겨울이 없는 하와이에서는 느티나무처럼 큰 나무로 자라고 생산량도 많다. 또 고추는 온실처럼 좁은 공간에서도 많이 키울 수 있는 최고의 모델 식물이다. 물론 아무리 고추가 이 실험에 적합하다고 해도 실험 한 번에 2만 7,000그루의 고추가 필요하다는 것은 실험자에게 부담스러운 것이 사실이다.

아무튼 모델 식물을 구했으니 이제 나무를 건강하게 할 세균을 선발할 차례였다. 앞서 소개한 네 가지 희망사항 가운데 첫 번째부터 시작하면 식물이 많이 필요하기 때문에 실험을 쉽게 하기 위해 우리는 세 번째 사항부터 진행하기로 했다. 식물을 아프게 하는 여러 병들로부터 나무를 보호하려면 우리가 분리한 바실러스가 식물 병원균으로 알려진 세균과 곰팡이의 생장을 억제하면 된다고 생각했다. 그래서 우선 식물병을 일으키는 곰팡이와 세균을 바실러스와 같이 배양했다. 바실러스가 항생물질을 분비한다면 병원균이 배지에서 잘 자라지 못할 것이기 때문이다. 작은 배지 하나에 열 개 정도의 바실러스 콜로니를 실험할 수 있고 이런 배지 수십 개를 하나의 인큐베이터에 넣으면 되니 실험은 속도를 내기 시작했다.

나무에 많이 발생하는 식물병으로부터 나무를 보호할 세균을 선발하는 작업을 진행한 우리는 한 달 동안의 실험 끝에 다섯 개의 바실러스를 골라낼 수 있었다. 물론 우리의 실험은 식물이 없는 인공조건에서 한 것이기 때문에 이것으로 우리가 원하는 바실러스를 골랐다고 확신할 수는 없다. 따라서 이제는 고추에 직접 뿌려서 실험을 해야 했다.

이 다음부터가 더 힘들다. 실험실에서 했던 실험들을 실험실 밖에서 하면 많은 경우 결과가 제대로 나오지 않는다. 실험실에서는 우리가 원하는 온도와 습도 등 완벽한 조건을 만들 수 있지만 실험실 밖에서는 우리가 환경을 조절하기가 쉽지 않다. 봄이 되자 우리는 걱정을 한아름 안고서 고추를 밭에 심은 후 선발한 바실러스를 잎에 뿌리고 고추에 어떤 변화가 일어나는지, 바실러스를 처리하지 않은 고추와는 어떻게 다른지 비교하기로 했다.

고추는 대개 붉은 고추가 가장 비싸고, 첫 번째 수확할 때 수확량도 제일 많다. 고추를 수확하는 날, 우리는 첫 수확의 꿈에 부풀어 밭으로 나갔다. 그런데 이게 웬일인가. 붉은 고추가 하나도 없는 것이 아닌가? 막 실망에 빠지려던 우리는 사정을 알고 안도의 한숨을 내쉬었다. 우리는 실험을 위해 농민 한 분과 계약 재배를 했다. 그런데 고추가 너무 많이 열리는 바람에 그분이 우리 손을 덜어주려고 미리 따셨다는 것이다. 어쩔 수 없이 그날은 맛있는 점심만 먹고 실험실로 돌아왔다. 우리가 실험을 했던 마을은 젊은 사람들이 없는 시골이었는데, 마을 입구에만 들어서면 마을 노인분들이 나와 반갑게 맞이해주셔서 고추밭까지 가는 데 꽤 많은 시간이 걸리기도 했다.

우리는 바실러스를 뿌린 고추와 그렇지 않은 고추의 수확량을 비교하는 데는 실패했지만, 이 정도면 실험은 성공이었다. 이런 과정을 거쳐 우리는 그해 가을 고추에 생기는 병을 막고 고추의 생장과 수확량도 늘려주는 바실러스 한 종을 고를 수 있었다. 이것으로 우리의 희망사항 두 번째와 세 번째를 만족하는 바실러스를 선발했고, 바실러스의 휴면포자를 만드는 능력 덕분에 자연스레 네 번째도 만족되었다. 하지만 제일 중요한 첫 번째 능력을 만족하는 결과를 얻어야 한다. 우리는 고춧잎에 바실러스를 뿌린 후 다시 앞서 나뭇잎에서 바실러스를 분리했을 때처럼 재분리를 해보았다. 예상대로 고춧잎에 잘 붙어 오랫동안 잘 자라는 바실러스를 찾을 수 있었다. 이렇게 해서 1년에 걸친 '나무 건강 지킴이 세균 선발대회'는 끝이 났다.

# 세균을 가로수에 뿌려보자!

이제 선발된 세균을 가로수에 직접 뿌려볼 때가 되었다. 대전시에서 지원한 프로젝트여서 우리는 시청과 구청으로부터 쉽게 도움을 받을 수 있었다. 우리는 20년생 벚나무와 10년생 은행나무들에 '나무 건강 지킴이'로 선발된 바실러스를 뿌린 후 3년 동안 나무의 변화를 관찰하기 시작했다. 큰 기대를 가지고 시작한 첫해에는 어떤 변화도 없어 크게 실망했다. 고추에서 선발한 바실러스가 나무에서는 적응을 잘 못 하는 것 아닌가 걱정스러웠다. 하지만 두 번째 해 가을에 실험결과를 종합해보니 작년과 달라져 있었고, 세 번째 해에는 두 번째 해보다 변화가 더 두드러졌다. 먼저 나무의 생육이 눈에 띄게 좋아졌다. 벚꽃의 경우 세균을 처리하지 않은 나무보다 꽃을 빨리 피웠고, 나뭇잎도 세균을 처리하지 않은 나무보다 두꺼워졌다. 은행나무의 경우 신기하게도 가을에 낙엽이 빨리 졌다.

이 현상을 어떻게 설명할 수 있을까? 나무는 매년 새롭게 잎을 만들기 때문에 이전 해에 나무가 가진 영양분과 에너지가 많을 때에는 꽃을 빨리 피운다. 나무가 꽃을 빨리 피우면 한 해의 시작이 빨라졌다는 의미고, 시작이 빨라진 만큼 나뭇잎도 더 튼튼하게 만들 수 있다. 나뭇잎이 두꺼워지면 광합성의 효율이 높아지고, 나무는 내년을 준비할 수 있는 에너지를 많이 축적할 수 있다. 낙엽이 빨리 떨어지는 현상 역시 나무가 튼튼함을 의미한다. 튼튼한 나무일수록 나뭇잎을 한꺼번에 빨리 떨어뜨리고 겨울을 준비한다고 한다. 이 부분은 나무를 관리하는 입장에서도 중요한데, 나뭇잎이 단기간에 모두 떨어지면 가로수를 관리하고 청소할 때도 효율성이 극대화된다.

건강 지킴이 바실러스는 병에도 강했다. 이 세균을 뿌린 벚나무는 천공병에 걸리는 경우가 적어졌다. 천공병은 벚나무에 발생하는 대표적인 식물병이다. 천공병에 걸린 나무는 잎에 구멍이 뚫리고 결국 이른 시기에 잎이 떨어지고 만다.

## 세균이 보호한 사과나무

가로수 실험에 성공한 우리는 이에 힘입어 과실수에도 적용해보기로 했다. 사과 같은 과실수는 농약을 사용하지 않으면 재배하기 어렵다. 그러므로 과실수에 대한 실험이 성공하면 과실수 재배 농가에도 큰 도움이 될 것 같았다. 우리는 먼저 대표적인 과일인 사과에 실험해보기로 했다. 사과는 러시아 카자키스탄 지역에서 전 세계로 퍼진 과일이다. 우리가 지금 먹고 있는 다양하고 맛있는 사과는 원래 자연상태에서의 사과와는 많이 다르다. 많은 과학자들이 우리가 사랑하는 사과를 만드느라 크기를 키우고 맛을 조절하는 등 노력에 노력을 거듭했다. 그런데 인간이 원하는 크기와 맛을 가지게 된 사과는 원래 갖고 있던 여러 가지 병에 대한 저항성을 잃어버리고 말았다. 그런 만큼 제대로 된 사과를 생산하려면 엄청난 양의 농약을 뿌려야 한다. 사과의 잃어버린 유전자를 보상하기 위해 인간은 화학농약을 사용하는 것이다.

그렇다고 사과에 농약이 남아 있을지도 모른다고 걱정할 필요는 없다. 현재 등록이 허가된 농약은 우리가 먹는 사과에 잘 남지 않는다. (혹시 그래도 안심이 되지 않으면 미지근한 물에 몇 번 씻으면 그나마 남아 있는 농약도 씻겨 나간다.) 수확기가 가까워지면 농약 뿌리는 것이 금지되고 수확 후에는 잔류검사를 철저히 하고 있다. 그렇다고는 해도 농약을 뿌리지 않고 사과를 생산하려는 시도들은 꾸준히 진행되고 있다.

우리는 우선 유기농 사과를 생산하는 농가를 찾았다. 아무래도 이분들이 우리의 바실러스를 사용하는 데 큰 관심을 보일 것 같았다. 농약 없이 사과를 재배하는 것은 거의 불가능에 가깝다고 여겨지기 때문에 이분들이라면 바실러스를 대환영하지 않을까? 수소문 끝에 '기적의 사과'로 유명한 일본의 기무라 아키노리木村秋則와 비슷한 철학을 가지고 무농약으로 사과를 생산하는 분을 찾을 수 있었다. 이분 외에도 세 분 정도가 국내에서 유기농 사과 재배에 성공했다는 정보도 얻었다. 우리는 이분들에게 조금이라도 도움이 되었으면 하는 마음으로 우리가 찾아낸 바실러스를 소개해드렸고, 결과는 성공적이었다. 2~3년 동안 사과나무에 우리의 세균을 뿌렸더니 사과의 당도가 높아지고 수분 함량이 높아지는 결과를 얻은 것이다. 세균의 도움을 받고 자라난 사과를 보며 농민들은 흥분하셨다. 실험실에서 했던 실험을 농업현장에 실제로 적용하여 좋은 결과를 얻으니 우리도 매우 기뻤다.


## 계속되는 질문들

어떤 미생물을 사용하면 나무를 튼튼하게 만드는 데 효과적이라는 사실은 증명됐지만, 이를 널리 확산시키려면 여러 장애물을 넘어야 한다. 먼저, 세균이니 사람에게 해로울 거라는 걱정을 가라앉혀야 한다. 이런 걱정은 세균은 모두 병원균일 거라는 선입견에서 출발한다. 하지만 우리가 먹는 음식에 미생물이 얼마나 많이 사는지를 안다면 그리 걱정되지 않을 것이다. 특히 우리가 나무와 고추에 뿌린 바실러스는 된장 속에서 가장 많이 발견되는 세균 중 하나이기 때문에 직접 먹는다고 해도 사람에게 해가 되지 않는다. 앞서 '똥' 이야기를 하며 설명했듯이 바실러스는 면역력을 키워 감기를 막아주고 병원성 세균을 억제한다.

또 하나는 잎에 뿌린 세균이 얼마나 살아남을 수 있을까, 그 세균이 오히려 다른 좋은 세균까지 죽이는 건 아닐까 하는 우려다. 자연은 하나의 종이 일정 공간을 크게 점유하는 것을 내버려두지 않는다. 식물에 병이 생겨 특정 공간에 병원균의 밀도가 급격하게 증가할 때를 제외하면 자연적으로 그런 일은 발생하지 않는다. 따라서 우리가 뿌린 세균은 시간이 흐르면서 자연스럽게 줄어들 수밖에 없다. 오히려 지속적으로 효과를 보기 위해서는 세균을 반복해 뿌려줘야 한다.

대전시 가로수의 건강을 지키겠다고 시작한 프로젝트가 유기농 사과의 생산에도 도움이 되는 결과를 낳았으니, 바실러스 같은 세균을 좀더 다양한 나무에 적용하면 농민들이 겪는 여러 문제, 특히 농약문제를 극복할 수도 있을 것이다. 생명체는 완벽할 수 없다. 그런 만큼 생명체로 생명체의 문제를 해결하는 것이 더 지혜로운 방법일 것이다.


## 최초의 농약 이야기

지금까지 식물 병원균을 퇴치하는 미생물을 살펴보았다. 말 그대로 '미생물 농약'인데, 이 분야에 관한 연구는 무엇보다 큰 문제가 되고 있는 화학농약 문제를 해결할 수 있어서 앞으로 기대가 크다.

식물을 병들게 하는 병원성 세균이나 곰팡이, 바이러스의 활동을 억제하여 식물을 보호하는 작용을 병방제라고 한다. 일반적으로 미생물에 대한 인상이 좋지 않지만, 미생물은 식물 방제에서도 당당한 주역이다. 미생물은 병도 되지만 약도 된다. 실제로는 나쁜 균보다 좋은 균이 훨씬 많다. 이 책을 통해 미생물에 대한 편견이 조금이라도 적어지면 좋겠다.

농약 이야기가 나왔으니 재미있는 이야기를 하나 더 소개하겠다. 세계 최초의 농약이자 '아주 안전한' 농약 이야기다. 우리가 유기농 사과농장을 처음 방문했을 때 그 전해에 수확한 사과를 보관하고 있던 냉장창고에 들어가봤다. 그런데 그곳의 사과는 붉은색이 아니라 흰색이었다. 어딘가 잘못된 사과인가? 그럼 창고에 보관할 리가 없었을 것이다. 흰색 사과는 나도 처음 봐서 무척 신기했다. 더 자세히 보니 붉은 사과가 밀가루처럼 흰 가루를 덮어쓰고 있었는데, 알고 보니 사과에 보르도액을 많이 뿌려서 흰색이 된 것이었다. 보르도액에는 석회가 많이 들어간다. 돌가루인 석회가 들어가니 밀가루처럼 하얗게 보일 수밖에…. 그런데 보르도액이 무엇일까? 혹시 포도주가 많이 나는 프랑스 보르도를 말하는 건가? 맞다! 이제부터 이 보르도액 이야기를 해보려고 한다.

유기농 사과를 생산하려면 유기농법에서 허가한 재료 이외에는 사용할 수 없다. 유기농 작물을 생산하기 위해 허가된 식물병 방제제는 보르도액이 유일하다. 포도주를 좋아하지 않아도 프랑스의 보르도라는 지명은 낯설지 않을 것이다. 보르도는 세계 최고의 포도주를 생산하는 포도 재배지로 널리 알려진 곳이다. 그런데 식물병을 전공한 사람들에게는 포도주보다 세계 최초의 농약인 보르도액이 개발된 곳으로 더 유명하다.

오래전부터 포도를 재배한 이 지역은 근처에서 목축업도 같이 번성했다.

그런데 가축들이 종종 포도밭에 들어가 포도잎을 따 먹고 밭을 엉망으로 만들곤 했기 때문에 농부들은 철조망을 치기 시작했다. 그래도 가축들은 포도밭에 들어가려는 시도를 멈추지 않았다. 그러던 중 한 목동이 가시나무 근처에는 가축들이 가지 않는 것에 힌트를 얻어 아이디어를 냈다. 철조망에 가시나무처럼 뾰족하게 깎은 금속을 붙이면 가축들이 포도밭에 접근하는 것을 막을 수 있겠다고 생각한 것이다. 하지만 철을 뾰족하게 깎아서 철사 사이사이에 적당한 간격으로 붙여 넣는 게 여간 힘든 일이 아니었다. 할 수 없이 철보다 쉽게 휘어지는 구리로 가시 모양을 만들어 철조망에 붙였다. 어쨌든 이제는 가축들이 포도밭에 들어가지 않았다. 사람이 이겼다!

그런데 사실 보르도 지방에는 가축의 침입보다 더 큰 문제가 있었다. 바로 노균병과 잿빛곰팡이병의 유행이었다. 보르도 남쪽에 소테른이라는 마을이 있다. 이곳에서 생산하는 포도주 중 가장 질이 좋은 것은 샤토 디켐인데, 한 잔을 만드는 데 포도나무 한 그루가 필요하다. 게다가 기본적으로 3~5년 동안 오크통에서 숙성해야 한다. 정성이 이만저만 들어가는 포도주가 아니다. 신기한 사실은 잿빛곰팡이에 감염된 포도로 만든 포도주가 최고의 포도주라는 것이다. 왜 곰팡이병*에 감염된 포도주가 더 깊은 맛을 내는 걸까? 아마도 포도가 곰팡이에 대항하기 위해 만들어내는 물질들이 포도주의 풍미를 더하는 것은 아닐까 싶다.

다시 원래 이야기로 돌아오자. 과학은 엉뚱한 곳에서 우연한 발견으로 역사에 길이 남는 사건을 만들 때가 많다. 보르도액도 이런 발견에 속한다. 보르도 지방의 포도 농가들은 노균병이나 잿빛곰팡이병 때문에 가을이 되면

---

\* 곰팡이가 일으키면 곰팡이병, 세균이 일으키면 세균병이라고 한다. 식물에는 곰팡이가 일으키는 병이 대부분이고 세균병은 소수다. 이 밖에 바이러스가 일으키는 바이러스병도 있다.

석회lime와 황산구리copper sulphate로 보르도액을 만드는 농부들(위키미디어)

늘 노심초사하며 포도밭을 다녀야 했다. 곰팡이병에 한 번 걸리면 피해는 걷잡을 수 없이 커지고 나중에는 수확도 할 수 없는 지경에까지 이르기 때문이다. 그나마 샤토 디켐이라도 만들 수 있으면 감사할 일이었다.

그러던 중 보르도 지역에 부임한 신참 대학 교수인 식물학자 피에르 미야르데Pierre Marie Alexis Millardet가 신기한 사실을 발견했다. 앞서 이야기한 구리로 된 철조망 근처에서 자라는 포도에는 노균병과 잿빛곰팡이병이 발생하지 않았던 것이다. 그 원인은 구리를 철조망에 붙이기 위해 사용한, 석회를 섞어 만든 용액에 있었다. 미야르데가 이 용액을 만들어 포도나무에 뿌려보니 정말 노균병과 잿빛곰팡이병이 생기지 않았다. 이것이 인류 최초의 농약인 보르도액Bordeaux mixture이다. 보르도액은 인위적으로 제조한 화학물질로서 식물에 병을 일으키는 미생물을 방제한 최초의 물질이다.

보르도액을 시작으로 전 세계 화학회사들은 2018년 현재 매년 700억 달러의 농약을 생산, 판매하고 있다. 지금은 농약을 너무 많이 사용하여 농약에도 죽지 않는 미생물이 늘고 있다. 또한 식물은 물론이고 사람과 동물, 곤충 모두가 악영향을 받는 등 예상치 못한 문제들이 많이 생기고 있다. 연구자들에 따르면 꿀벌의 개체 수가 급감한 이유도 농약을 과다하게 사용했기 때문이다.


## 변화하는 농약회사

아이러니하게도 농약의 아버지인 보르도액은 농약을 사용할 수 없는 유기농업에서 유일하게 허가된 농약이며, 농약이라는 범주에 포함되지도 않고 있다. 내가 유기농 사과 생산지의 냉장창고에서 본, 보르도액을 사용하는 농법은 유기농 사과 재배 분야에서 유일하고 안전한 방제방법으로 인정받고 있다. 현재 농업은 매우 큰 어려움에 처해 있다. 농약 사용량은 지속적으로 증가해 환경과 사람과 가축들에 대한 문제가 늘고 있고, 그런 만큼 농약 사용에 대한 인식이 나빠지고 있다. 그렇지만 지금의 집약적인 농업에서 농약을 사용하지 않고 농사짓는 것은 불가능에 가깝다.

원래 농업이란 한정된 장소에 한 가지 작물만 집약해 재배하는 것이다. 그 결과 한 공간에 있는 하나의 작물을 한 종류의 미생물이 점령하기 때문에 어쩔 수 없이 병이 크게 생길 수밖에 없다. 병을 막으려면 농약을 사용해야만 하고, 그래야 전 세계 사람들을 먹일 수 있을 만큼의 농작물을 생산할 수 있다. 농약문제의 심각성을 깨달은 사람들은 문제를 해결하기 위해 여러 대책을 강구하고 있다. 현재 전 세계적으로 일고 있는 노켐No-Chem 운동(화학 합성·화합물을 사용하지 말자는 운동)에 힘입어 세계 각국은 앞으로 10년 내에 농약 사용량을 반으로 줄이려는 법안을 통과시키고 있다.

세계의 거대 농약회사들도 농약문제, 그리고 농약에 대한 사람들의 반감 문제를 해결하기 위해 고심하고 있다. 지금까지 농약회사의 관심 밖이었던 미생물을 이용한 식물병 방제 분야가 농약회사의 사업범위에 정식으로 포함되었다. 아스피린으로 유명한 바이엘은 최근 세계 최대의 생물농약 회사 아그라퀘스터AgraQuest와 합병했다. 바이엘은 100퍼센트 생물농약을 농업에 적용하기에는 아직 남은 문제가 많다고 여긴다. 이에 따라 화학농약과 생물농약을 함께 쓰는 전략을 구사한다. 기존의 농작물 재배방식에 생물농약을 함께 사용하는 것이다. 화학농약을 사용은 하지만 수확 직전과 수확 중간에는 생물농약을 처리함으로써 화학농약 사용량을 줄여 안전하게 농작물을 생산할 수 있도록 하겠다는 계획이다.

사과 역시 소비자에 이르기까지 많은 농약을 여러 번 사용해야 한다. 만약 수확 직전에 세균을 이용한 생물농약을 뿌린다면 병으로부터 사과를 보호하면서 잔류 농약 걱정이 없는 사과를 생산할 수 있을 것이다. 앞으로 농약과 미생물을 같이 사용하는 농업이 성공을 거둘지 지켜봐야겠다.

# 7
# 질소고정세균은
# 친구인가 적인가

과학을 공부하다 보면 우리가 현재 당연하게 생각하는 많은 상식이 예전에는 전혀 새로운 의견이었다는 사실을 새삼 깨달을 때가 많다. 천동설이 지동설로, 뉴턴 물리학이 아인슈타인의 상대성이론으로 넘어가면서 패러다임이 바뀌고, 최근 꼬마 RNA<sup>small RNA</sup>나 크리스퍼 유전자 편집기술이 발견된 것처럼 이전에는 알려지지 않았던 새로운 지식들이 기존의 고정관념을 깨버리는 대전환의 순간을 보여준 예는 아주 많다. 이렇게 보면 과학이란 '당연한 것들'에 대해 끝없이 질문을 던지고 의심하는 마음을 의미하는 것 같다. 이제부터 이야기하려는 것도 그렇다. 뿌리혹세균과 콩에 관한 이야기다.

　사람들에게 미생물, 특히 세균에 대해 물으면 대부분 병을 일으키는 나쁜 생물이라고 답한다. 미생물을 인간과 떼려야 뗄 수 없는 친구라고 대답하는 사람은 거의 없을 것이다. 그나마 식물과 함께 살아가는 좋은 미생물이 있다고 하면 뿌리혹세균을 떠올리는 사람은 있을 것이다. 요즘은 초등학생들도 뿌리혹세균이 콩과식물에서 공기 중 질소를 고정해주기 때문에 질소비료를 줄 필요가 없다는 내용을 배운다.

그런데 뿌리혹세균이 어떤 사연으로 식물에 단단한 집을 짓고 살게 되었는지 궁금하지 않은가? 사실 과학자들도 뿌리혹세균이 어떤 과정을 거쳐 식물의 뿌리 속으로 들어가게 되었는지 아직 정확한 결론을 내놓지 못하고 있다. 그리고 지금부터 하려는 이야기가 바로 이 질문에 대한 답이다. 최근 과학자들이 밝혀낸 새로운 결과가 뿌리혹세균에 대한 우리의 고정관념을 사정없이 깨버렸다.

결론부터 말하자면 콩의 절친이라고 생각한 뿌리혹세균은 예전에도, 지금도 절친이 아니라는 안타까운 사실이 밝혀졌다. 우리의 착각이었다. 이제부터 뿌리혹세균이 어떻게 해서 지금의 질소고정세균으로 정착했는지 이야기해보겠다. 결론부터 이야기해서 김샜다고? 원래 땅속에서 살아가는 토양세균이었던 뿌리혹세균이 뿌리 속으로 들어가는 과정을 살펴보면 흥미진진하다. 우리는 암기·주입식 교육 때문에 과학연구의 결과만 맹목적으로 받아들이고 의심도 하지 않는다. 과학에서 가장 중요한 것은 호기심이나 의심이고, 이것을 외부로 표현하는 '질문'인데 말이다. 그것도 지극히 당연하다고 생각하는 것에 대한 질문 말이다.

## 콩에 기생하는 뿌리혹세균

앞에서 미생물은 크게 곰팡이, 세균, 바이러스로 나눌 수 있다고 설명했다. 사실 미생물을 나누는 기준은 여러 가지다. 먹이를 먹는 방식에 따라 기생균과 부생균으로 나눌 수도 있다. 기생균은 살아 있는 생명체로부터 영양분을 섭취하는 미생물이고, 부생균은 죽은 유기물로부터 영양분을 얻는 미생물이다. 그러면 지구상에는 기생균이 많을까, 부생균이 많을까? 언뜻 기생균이 많을 것 같지만 사실은 그렇지 않다. 지구상의 미생물 중 99퍼센트가 부생균이다. 조금만 생각하면 납득이 갈 것이다. 기생균이 대부분이면 지구에 있는 거의 모든 유기물이 썩지 않아 우리 주변은 음식물 쓰레기통처럼 돼버릴 것이고, 썩지 않은 죽은 생명체가 곳곳에 산더미를 이뤄 발디딜 틈도 없을 것이다. 더 큰 문제가 있다. 죽은 유기물이 분해되어 생겨난 산물로부터 에너지를 얻는 많은 생명체(대표적인 것이 식물체다)가 생명을 이어가지 못할 것이다.

아무튼 부생균이든 기생균이든 지구의 모든 생명체에게 중요한 존재다. 요즘은 여기서 더 나아가 미생물과 기주를 나눠서 봐야 하는가 라는 도발적인 질문들이 나오고 있다. 앞서도 소개했지만 최근에는 이 둘을 하나의 생명체로 보고자 하는 홀로바이옴 개념이 대두하고 있다. 그런데 아직까지 우리는 바이러스나 세균, 곰팡이 같은 미생물을 우리를 위험에 빠뜨리는 적처럼 두려워한다. 아마 병원균의 대부분이 이런 미생물이라고 알려져 있기에 모든 미생물이 생명체에 기생하며 병을 일으킨다고 생각하기 때문일 것이다. 그래서 기생균을 병원균과 동급으로 취급한다. 그런데 정말로 그럴까? 이제 당연하다고 여기던 고정관념에서 탈출할 시간이다.

이 이야기의 주인공인 뿌리혹세균 이야기로 돌아와보자. 앞서 말했듯 뿌리혹세균은 공기 중에 있는 질소를 붙잡아 와 식물의 뿌리에 고정시키는 역할을 한다. 식물이 자라는 데 가장 많이 필요하고 그래서 비료의 효과가 가장 큰 성분이 질소다. 농작물을 키울 때 흔히 요소비료로 알려진 질소비료를 뿌려주지 않으면 수확이 제대로 되지 않는다. 특히 옥수수 같은 흡비작물은 질소비료의 역할이 절대적이다. 공기 중에 있는 질소를 고정하는 하버법이 개발되기 전까지는 질소를 식물에 주기 위해 소변과 인분을 발효시켜 논밭에 뿌렸다.

하버법이라고 하는 인공적인 질소고정법은 1910년 독일인 프리츠 하버Fritz Haber가 개발했다. 이렇게 해서 만들어진 게 지금 널리 쓰이는 질소비료다. 하버가 질소비료를 만들기 전에는 오직 질소고정세균만이 질소를 고정할 수 있었다. 하버는 질소고정법을 만들어내기까지 적잖이 고생했다고 한다. 질소는 공기 중에서 가장 많은 비율을 차지하기 때문에 구하기는 쉽다. 그런데 식물이 쓸 수 있을 정도로 고정되려면 공기 중 질소와 같은 $N_2$ 형태

콩 뿌리에 붙어 있는 뿌리혹세균

가 아니라 삼중으로 결합돼야 한다. 이 작업이 쉬울 리가 없다. 그런데 하버는 대단위 시설 없이 이 문제를 해결했으니 놀라울 따름이다.

여기서 질문이 생긴다. 뿌리혹세균이 식물에 질소를 고정해주는 대가로 식물로부터 받는 것은 무엇일까? 먼저 식물체 속에서 살게 되므로 안전한 집을 제공받는다. 아무리 공생하는 세균이라도 자기 안방을 내주기는 쉽지 않은데, 콩과식물은 뿌리혹세균에게 세포 안 공간을 내준다. 대부분의 세균은 식물 세포 외부에 존재하면서 식물과 상호작용을 하므로 세포 안을 내준다는 건 식물 입장에서는 위험한 도박이라고 할 수 있다. 두 번째로 뿌리혹세균의 특이한 거주지 덕분에 식물체에서 만들어지는 맛있는 영양분을 바로 전달받을 수 있다. 룸서비스가 제공되는 것이다. 이런 면에서 식물과 세균의 공생관계에서 가장 대표적인 예라고 할 수 있다. 물론 뿌리혹세균은 살아 있는 기주로부터 영양분을 받으니 당연히 기생균이다. 공생도 기생의 한 종류니까 말이다. 아무리 기생한다고는 하지만 식물에게 꼭 필요한 질소를 제공하는데 꼭 기생균 범주에 넣어야 하나 하는 생각이 들 수도 있다. 하지만 과학에서 '정의definition'란 것은 너무나 확고하므로 미생물학자들은 추호의 망설임도 없이 뿌리혹세균을 기생균으로 분류한다.


## 뿌리혹세균의 삶과 생활: 콩네 집을 찾아서

이제 이 장의 주인공인 뿌리혹세균에 대해 자세히 알아보자. 뿌리혹세균은 주로 라이조비움속Rhizobium spp.에 속하는 세균군이며, 이 세균군은 그 습성과 모양을 보면 콩과작물에 뿌리혹을 형성하는 것이 특징이다. 물론 뿌리혹 없이 질소를 고정하는 세균도 보고된 적이 있고, 라이조비움에 속하지 않는데도 질소를 고정하는 세균도 많다. 하지만 예외는 항상 있는 법이다. 라이조비움만큼 강력한 질소고정 능력을 보여주는 세균군은 없다.

뿌리혹을 눈으로 살펴보면 작은 구슬이 뿌리에 붙어 있는 것처럼 보인다. 이 속에 라이조비움이 가득 차 있다. 라이조비움은 어떻게 콩의 뿌리를 찾아 그쪽으로 이동했을까? 그 시작은 식물이다.

콩과식물은 페놀이라는 육각형의 반지 모양ring 구조를 가진 물질을 많이 만들어낸다. 우리 몸에 좋은 영향을 미치는 물질들이 페놀 링을 많이 가지고 있는데, 커피가 대표적이다. 커피 속에 들어 있는 폴리페놀은 페놀 복합체를 뜻한다. 식물에서 유래한 약용성분의 대부분도 이러한 링 구조를 가지고 있다. 이 링 구조를 만드는 화학공장을 페닐프로판노이드phenylpropanoid 경로라고 하고, 이 경로를 거쳐 만들어지는 최종 산물이 껌으로 유명한 플라보노이드flavonoid다.

이렇게 만들어진 플라보노이드는 뿌리를 통해 토양 속으로 흘러나오고, 근처에 있던 뿌리혹세균은 이때를 기다렸다는 듯이 플라보노이드 쪽으로 움직인다. 사실 뿌리혹세균은 땅속에서 아주 흔한 세균은 아니다. 그래도 전해에 콩을 심었다면 그곳의 토양에는 뿌리혹세균이 많이 남아 있고, 다음 해에 그곳에 다시 콩을 심으면 뿌리혹세균은 다시 플라보노이드에 끌려 뿌리 쪽으로 몰려간다. 아마도 뿌리혹세균은 플라보노이드가 있는 곳에는 늘 먹을 것이 풍부하다는 정보를 갖고 있는 것 같다. 콩은 플라보노이드뿐 아니라 잎에서 광합성하여 만든 탄수화물도 대량으로 뿌리로 흘려보내기 때문이다. 식물은 왜 이렇게 밑 빠진 독에 물을 붓듯 잎에서 애써 만든 탄수화물 모두를 저장하지 않고 땅속으로 흘려보낼까? 아직 정확한 이유는 알아내지 못했지만 이런 생각은 해볼 수 있다. 혹시 뿌리혹세균이 그 이유 중 하나가 아닐까?

플라보노이드는 콩이 뿌리 주위에 있는 미생물들에게 보내는 신호라고 할 수 있다. 마치 라디오방송국에서 방송신호를 내보내는 것과 비슷하다. 라디오 방송을 들으려면 라디오라는 수신기가 있어야 한다. 라디오는 공기 속에 돌아다니는 여러 신호에서 내가 원하는 신호를 찾아내 적당한 소리로 변환한다. 이렇게 생각하면 뿌리혹세균은 라디오 수신기다. 뿌리혹세균은 여기저기서 들려오는 다양한 화학신호로부터 콩이 보내는 신호를 구분하고 그중에서도 특별한 신호인 플라보노이드를 찾아낸 후 콩으로 향한다.

여기서 뿌리혹세균은 단순히 콩이 보내는 신호를 받는 데 그치지 않고 콩에게 신호를 보낸다. 우리가 라디오 방송 DJ에게 신청곡을 요청하는 것과 비슷하다고 할 수 있다. 콩이 보내는 신호를 받은 뿌리혹세균이 다시 콩에게 보내는 신호를 노드인자Nod factor라고 한다. 이 인자는 복잡한 다당체 물질

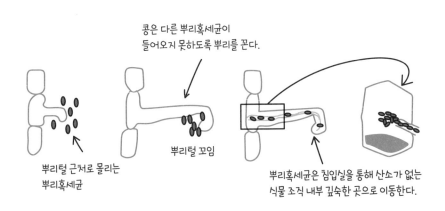

콩은 다른 뿌리혹세균이
들어오지 못하도록 뿌리를 꼰다.

뿌리털 꼬임

뿌리털 근처로 몰리는
뿌리혹세균

뿌리혹세균은 침입실을 통해 산소가 없는
식물 조직 내부 깊숙한 곳으로 이동한다.

콩의 뿌리에 도착한 뿌리혹세균이 신호를 보내면 콩이 문을 열어준다.

로서 리포키토올리고사카라이드lipochitooligosaccharide, LCO라는 복잡하고 긴 이름을 가지고 있다. 콩은 뿌리혹세균이 내보낸 노드인자를 인식한 후 아주 특별한 반응을 시작한다. 콩이 현관을 열고 뿌리혹세균을 자기 몸속으로 받아들이는 것이다. 뿌리혹세균이 뿌리에 도착하더라도 식물이 현관을 열어주지 않으면 안으로 들어갈 수 없다. 플라보노이드에 이끌려 뿌리까지 도착한 뿌리혹세균이 현관 비밀번호와도 같은 노드인자를 보내야 식물이 문을 활짝 열어준다. 콩과 뿌리혹세균의 이야기는 이제부터 시작이다.

## 콩네 집에서는 무슨 일이 일어날까?

뿌리혹세균이 콩의 뿌리 속으로 들어가는 문은 뿌리털에 있다. 뿌리털 끝부분으로 뿌리혹세균이 들어가면 곧바로 흥미로운 현상이 일어난다. 바로 뿌리털이 꼬이는 현상이다. 다른 뿌리혹세균이 들어오지 못하도록 문을 완전히 닫아버리는 것이다. 뿌리털 끝부분이 파마한 것처럼 꼬이는데, 마치 "우리 집에는 이미 손님이 들어오셨습니다"라고 말하는 것 같다. 드디어 뿌리털 속으로 들어온 세균은 그때부터 식물이 제공하는 편의시설과 혜택을 즐길 수 있다. 영양분을 놓고 경쟁할 다른 세균이 없는 조건에서 편안하게 먹고 마시면서 자신의 개체를 불린다.

이렇게 편안한 생활조건이지만 그렇다고 무한정 증식할 수 있는 것은 아니다. 늘 적당한 수준의 밀도를 유지하는 것을 보면 식물이나 세균이나 과다한 증식을 억제하는 방도를 갖고 있는 것 같다. 앞서도 이야기했지만 식물이 자기 몸속에 들여놓은 세균이 너무 많이 증식하도록 놓아둔다면 자신의 에너지 대부분이 세균의 먹이가 되기 때문에 식물은 더이상 자라지 못한다. 그럼 공생균이 아니라 병원균이 되는 것이다. 그래서 서로 긴밀한 대화를 통해 세균의 밀도는 계속해서 적당히 유지된다.

그다음은 어떤 일이 벌어질까? 재미있게도 뿌리혹세균이 옷을 벗는다. 앞에서도 설명했듯이 세균을 분류하는 방법은 여러 가지가 있다. 기생균과 부생균으로 나누기도 하고, 형태적 차이를 통해 그람음성세균과 그람양성세균으로 나누기도 한다. 세균은 보통 두 겹의 껍데기에 싸여 있다. 그람양성세균은 세포벽이 밖에 있고 그 안에 세포막이 있다. 그런데 그람음성세균은 얇은 세포막이 두 겹으로 되어 있다. 그러니까 껍데기가 세 겹인 셈이다. 뿌리혹세균은 그람음성세균인데 콩의 뿌리털에 들어간 다음에는 두 겹 중 한 겹의 세포막을 벗어버린다. 덕분에 이후 모양과 크기를 다양하게 변화시킬 수 있다. 그러고 나서 뿌리혹세균은 침입실infection thread을 만든다. 여기서 실이라고 표현했지만 모양이 쉽게 바뀔 수 있기 때문에 질소를 고정할 장소까지 가는 긴 여정 동안 여러 다양한 모습을 띤다. 다만 식물이 마련한 긴 통로를 통과해가는 뿌리혹세균의 모습이 마치 긴 터널 속에서 지하철이 지나가는 것과 비슷해 '실'이라고 부른다. 이 실은 계속 길어지다가 뿌리혹이 만들어지는 식물 조직 깊숙한 곳에서 긴 여행을 마친다. 그리고 그곳에 모인 뿌리혹세균들은 이제부터 질소를 고정하기 위해 준비를 한다.

그러면 왜 뿌리혹세균은 힘들게 콩의 뿌리에 들어와서도 긴 여행을 해야 할까? 그 이유는 질소를 고정하는 효소의 특징에 있다. 뿌리혹세균은 식물 속에서 니트로게네이즈nitrogenase라는 효소를 만들어 공기 중에 있는 질소를 고정하는데, 이 효소는 산소와 만나면 활동하지 않는다. 질소가 공기 중에 가장 많은 성분이어서 특별하게 구할 필요가 없어 편리하다면 식물의 뿌리 속 산소는 공기 중에 늘 있기 때문에 불편하다. 널려 있는 질소를 고정하는 효소가 산소를 무척 싫어하기 때문이다. 뿌리혹세균이 질소를 고정하려면 산소가 없는 특별한 방으로 이동해야 한다. 기체로 존재하는 질소를 고체로 고정하기 위해 뿌리혹세균은 니트로게네이즈를 이용하는 생물학적인 방법으로 두 개의 질소 원자를 묶어준다. 효소 없이 화학적으로 두 개의 질소를 연결하려면 세 개의 연결고리가 필요한데 물리적으로 엄청난 에너지가 필요한 작업이다. 고온, 고압의 환경이 필요하기 때문이다. 실제로 전 세계에서 만드는 전체 에너지 가운데 5퍼센트가 질소를 고정하여 요소비료를 만드는 곳에 사용된다고 한다. 반면 효소를 이용하는 생물학적인 방법은 상온, 상압에서 에너지를 더 적게 들이면서 단시간에 공기 중 질소를 고정해 식물이 이용할 수 있게 한다.

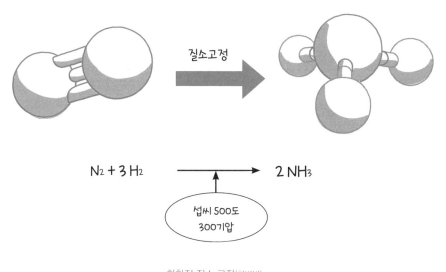

화학적 질소 고정(하버법)

## 마냥 반갑지만은 않은 손님

지금까지 뿌리혹세균이 콩으로부터 신호를 받아 뿌리털에 들어간 후 식물의 조직 속에 뿌리혹을 만들고 공기 중에 있는 질소를 식물에 고정하는 과정을 살펴보았다. 지금까지는 분위기가 훈훈하다. 서로 윈윈하는 공생의 좋은 사례다. 그런데 다른 관점에서 볼 수도 있다. 미생물 입장에서 야속하기는 하지만 아무리 자신에게 필요한 질소를 제공한다 해도 뿌리혹세균은 내 몸에 기생하는 침입자다. 식물이 자신에게 접근하는 세균을 긴장감도 없이 그냥 넋 놓고 보고 있을 리는 없다. 다른 생물처럼 식물도 적일지도 모르는 세균의 세포막, 편모, 유전물질 등을 인식할 수 있다. 패턴 인식 말이다. 앞에서도 살펴봤지만 식물의 세포가 세균을 만나면 식물은 선천적인 면역반응을 발현하여 그 세균을 죽이려고 여러 독성물질들을 만들어낸다. 뿌리혹세균도 예외가 아니다.

자칫하면 자신을 적으로 오인하는 식물 때문에 죽을지도 모르는 뿌리혹세균은 대책을 마련했다. 다른 병원성 세균처럼 뿌리혹세균도 식물의 세포질 속에 단백질을 집어넣는다. 앞서 미생물과 식물 사이의 폭탄 돌리기를 설명할 때 등장한 이펙터 단백질이다. 이 단백질이 하는 일은 식물의 면역을 억제하여 그동안 세균이 인구를 불릴 수 있도록 시간을 벌어주는 것이다. 뿌리혹세균은 이렇게 하여 식물의 순간적인 공격인 선천면역을 극복한다.

하지만 이대로 해피엔딩은 아니다. 식물의 면역반응은 여기서 끝나지 않고 계속해서 뿌리혹세균을 불편하게 만들기 때문이다. 마치 외국을 방문한 사람이 방문지 곳곳에서 신분증을 요구받는 것처럼 말이다. 심지어 뿌리혹이 만들어진 후에도 식물은 신분증을 요구한다. 그러다 불법체류자로 판단하면 식물은 가차 없이 뿌리혹세균을 죽여버린다. 이렇듯 콩과 뿌리혹세균의 상호작용은 뿌리에 구슬이 달린 모양처럼 예쁘장하지만은 않다. 오랫동안 끝없이 상호작용하면서 서로 원원한다는 행복감과 여차하면 죽고 죽인다는 가혹함을 동시에 가지고 있다. 이렇게 끊임없이 물고 물리는 의심과 해소의 과정 속에서 세균은 충분한 영양분과 집을, 식물은 세균의 무한 증식을 막으면서도 꼭 필요한 질소를 공급받는 것이다. 우리가 간단하게 공생이라고 부르는 활동에 이렇게 복잡한 과정이 존재한다는 것은 무척 신비로운 일이다.

## 콩의 선물

최근에 밝혀진 흥미로운 연구결과가 있다. 지금 살펴본 것처럼 식물은 뿌리혹세균을 적으로 인식해 계속해서 신분증을 요구하지만, 이것이 오히려 뿌리혹세균에게 유리하게 작용할 가능성이 밝혀진 거다. 이건 또 어떻게 된 일이냐고?

21세기에 들어서면서 콩의 유전체지도(게놈지도)를 밝히는 작업들이 진행되었다. 사람들이 새싹채소로 많이 먹는 알팔파의 사촌 메디카고의 유전체가 콩과식물 중에서 최초로 밝혀졌다. 내가 박사후 연구원일 때 재직했던 미국 사무엘 노블 재단 연구소(지금은 노블연구소로 이름이 바뀌었다)에서 이 작업을 진행했는데, 대학과 공동연구를 진행한 끝에 유전체지도를 모두 분석해냈다. 이렇게 유전체지도를 밝혀놓으니 흥미로운 사실을 찾을 수 있었다. NCR^Nodule Cysteine-Rich 펩타이드를 600개나 발견한 것이다.

NCR 펩타이드는 원래 질소고정 때 많이 만들어지는 단백질 복합체로만 알려져 있었는데, 알고 보니 식물이 만들어내는 항생제로 작용하고 있었다. 콩과식물 메디카고가 뿌리에서 NCR을 계속 분비하면 콩의 뿌리 주위는 미생물이 살기에는 무척 가혹한 곳이 된다. 그러면 뿌리혹세균은 어떨까? 놀랍게도 뿌리혹세균은 NCR을 깨끗하게 분해하는 효소를 가지고 있어 다른 미생물이 없는 환경에서 편하게 콩 뿌리에 접근할 수 있었다. 자신을 공격하는 무기를 자신을 보호하는 방패로 바꾸는 뿌리혹세균의 지혜에 놀라움을 금할 수 없다.

미국 중부를 여행하다 보면 몇 날 며칠을 가도 옥수수밭이 이어지는 지역이 있다. 일명 콘벨트라 불리는 곳이다. 옥수수는 외떡잎식물로 쌍떡잎식물보다 빨리 자라기로 유명하다. 씨를 심은 후 100일이 조금 넘으면 옥수수를 수확할 수 있다. 옥수수가 광합성을 할 때 탄소를 효율적으로 이용해 탄수화물을 만들 수 있기 때문이다. 옥수수는 광합성을 할 때 다른 식물처럼 탄소 세 개가 아니라 네 개를 필요로 한다. 이런 식물을 C4 식물이라고 하는데, 옥수수가 대표적이다. 그런데 문제가 있다. 옥수수가 토양 속에 있는 영양분을 아주 빨리 먹어버리기 때문에 토양이 황폐해진다. 그래서 옥수수를 심을 때에는 질소비료를 많이 섞어줘야 한다. 그렇다면 질소비료가 없었던 옛날에는 어떻게 옥수수 농사를 지었을까? 오래전부터 콘벨트에서는 옥수수를 심은 다음해에는 반드시 콩을 심는다. 이 방법이야말로 질소를 고정해 땅의 황폐화를 막을 수 있는 가장 효과적인 방법이기 때문이다. 사실 지금도 옥수수와 콩을 섞어서 심는 것이 보통인데, 그래서 미국 중부의 고속도로에서 볼 수 있는 식물은 옥수수 아니면 콩이다.

뿌리에 혹 하나가 만들어지기까지 식물과 세균 사이에 얼마나 많은 대화들이 오고 갔을까 상상해보면 자연의 경이로움을 느낀다. 혹시 콩밭을 지날 기회가 있다면 뿌리를 자세히 살펴보기 바란다. 그리고 뿌리에서 뿌리혹을 찾았다면 가만히 귀에 대보기 바란다. 혹시 세균과 식물의 대화가 들릴지도 모르니 말이다. 아마 부드러운 사랑의 속삭임이 아니라 아우성일 것이다.

## 세균은 어떻게 분류할까?

수십만 종의 세균을 어떻게 분류할 수 있을까? 이 일을 제일 먼저 시도한 사람은 1884년 덴마크의 미생물학자 한스 크리스티안 그람으로, 염색법을 개발해 세균을 분류했다. 이 책에서도 자주 소개되는 분류법이다. 세균을 분류하기 위해 색을 입힌다는 것이 언뜻 이해되지 않을 수도 있지만, 세균의 세포벽의 두께에 따라 염색약이 잘 스며들거나 스며들지 않기 때문에 세균을 분류하는 데 이용할 수 있는 방법이다. 세포벽이 두꺼워 염색이 되는 세균을 그람양성세균, 염색이 잘되지 않고 씻어내면 염색약이 빠져버리는 세균을 그람음성세균이라고 한다. 이 분류법은 지금도 많이 사용된다.

또 다른 방법은 세균이 산소를 좋아하는가 아닌가의 차이를 이용한다. 우리야늘 산소가 필요하기 때문에 의아할 수도 있지만 원시지구에는 산소가 거의 없던 시절이 있었다. 그때 살아남은 세균들 가운데 많은 세균들이 지금도 여전히 산소가 없는 곳에 살고 있다. 산소를 좋아하는 세균을 말 그대로 호기성 세균, 산소를 싫어하는 세균을 혐기성 세균이라고 한다. 참고로 '호'란 한자로 좋아할 好, '혐'이란 싫어할 嫌이라는 걸 쉽게 짐작할 수 있을 것이다. 산소가 없는 곳은 어딜까? 가장 가까운 곳은 우리가 서 있는 땅에서 1미터 아래다. 그곳에는 산소가 거의 없다. 땅 위에 사는 미생물과 전혀 다른 종류의 세균들이 살고 있는 곳이다. 그것도 아주 오래 전부터 말이다.

이렇게 크게 이분법으로 세균을 구분하는 법을 소개했는데, 세균의 이름을 짓는 것은 훨씬 복잡하다. 세균의 이름은 학명으로 지어야 하는데 늘 변화하는 언어로 이름을 붙이면 의미가 바뀌어 혼란스럽기 때문에 지금은 사용하지 않는 라틴어로만 짓는다. 세균 이름을 짓는다면 남성과 여성을 구분하는 라틴어 표기법을 간단하게 배워야 한다. 우선 종명과 학명의 두 부분으로 나누고 모두 약간 오른쪽으로 기운 이탤릭체로 표기하거나 밑줄을 그어준다. *Bacillus subtilis*라면 *Bacillus*는 속명이고 *subtilis*는 종명, 둘을 합친 *Bacillus subtilis*는 학명이다. 이 책에 자주 등장한 슈도모나스 시링가에는 *Pseudomonas syringae*, 에르위니아 카로토보라는 *Erwinia carotovora*로 표기한다.

초기 미생물학자들은 미생물의 생화학적 특징들을 분류하여 앞서 소개한 그람염색과 산소 이용도, 그리고 탄소원과 질소원의 물질을 이용하여 자라는지를 살펴보았다. 쉽게 말해 자장면을 좋아하는지 짬뽕을 좋아하는지를 구분하고 하나하나 분류하여 라틴어 이름을 지었다. 이렇게 세균의 물질 이용도를 실험하는데는 짧게는 한두 달 길게는 6개월까지도 걸린다. 이러던 것이 최근에는 DNA 분석기술이 발달하여 작업이 단순해졌다. 16s rRNA와 같은 특정 DNA 서열을 분석하여 기존의 세균과 얼마나 비슷한지 여부로 구분 짓는다. 이 방법을 이용하면 2~3일이면 그 결과를 알 수 있다.

# 8
# 식물의 보디가드를
# 자처하는 세균들

"오겡키데스카?"라는 대사로 한 시대를 풍미한 1995년 일본 영화 〈러브
레터〉는 홋카이도의 작은 도시 오타루가 배경이다. 이 그림같이 예쁜 도시
에서 전철로 한 시간도 채 걸리지 않는 곳에 홋카이도의 중심 도시 삿포로
가 있다. 눈이 많이 내리는 홋카이도의 삿포로는 겨울이 되면 화려한 눈축
제가 열려 세계적으로도 유명한 곳이다. 나는 삿포로 눈축제에 가본 적도
없고, 이곳에서 풋풋한 첫사랑을 해본 적도 없지만 다른 의미에서 특별한
기억이 있다.

　1997년 삿포로에서 아시아에서는 최초로 식물생장촉진세균 워크숍이 열
렸다. 당시 대학원생이었던 나는 지도교수님 대신 이 학회에 참석하게 되었
다. 이 학회에 참석한 또 다른 이유도 있었는데, 이 학회의 창립자인 조셉 클
로퍼Joseph W. Kloepper 교수를 만나기 위해서였다. 나와 클로퍼 교수의 인연이

여기서 시작되었다. 석사과정을 마친 나는 클로퍼 교수가 있는 미국 어번대학에서 박사과정을 시작하게 되었다. 21년 후 2018년 클로퍼 교수는 캐나다 빅토리아에서 열린 식물생장촉진세균 워크숍을 마지막으로 은퇴하셨다. 20여 년을 같이 지낸 교수님은 친구로서 선생님으로서 은사로서, 가족을 제외하고는 내 인생에서 가장 중요한 사람이다.


## 미생물을 다시 생각하게 만든 클로퍼 교수

2018년 캐나다에서 만난 클로퍼 교수는 아직도 왕성하게 활동하고 계셨다. 지금도 그렇지만 그는 1990년대 당시에도 학계에서 아이돌 스타에 맞먹는 인기를 누린 대가였다. 그것도 40세도 되기 전에 말이다. 이제부터 소개할 식물생장촉진근권세균Plant Growth-Promoting Rhizobacteria, PGPR(식물생장촉진세균)은 그를 빼고는 설명할 수 없다. 더욱이 그는 '식물생장촉진근권세균'이라는 이름을 최초로 명명한 인물이다. 이름 그대로 식물의 뿌리에서 나오는 물질을 먹고 살아가면서 식물의 생장을 촉진하거나 식물을 병으로부터 보호하는 기능을 하는 세균들을 식물생장촉진근권세균 또는 식물생장촉진세균이라고 한다. 보통은 뿌리 근처에서 살아 '근권세균'이라고 불리지만 잎으로 이동하기도 하고, 잎에서 사는 생장촉진세균도 있다. 뿌리뿐 아니라 식물의 전체 면역력을 높여 잎에 생기는 병원균까지 막을 수 있다는 연구결과도 속속 보고되고 있다. 식물의 보디가드 역할을 든든히 해내는 이 세균들의 역할을 밝혀낸 건 클로퍼 교수의 큰 업적이다.

클로퍼 교수는 미국 콜로라도대학에서 학부를 졸업하고 캘리포니아의

UC버클리에서 대학원 과정을 마쳤다. 그는 지도교수였던 밀턴 슈로스Milton N. Schroth 교수 밑에서 식물의 뿌리와 세균의 상호작용을 주로 연구했다. 당시는 기술이 발달하지 못하여 단순히 세균이 잘 자라는 배지를 이용해 감자의 뿌리에서 분리한 세균의 특성을 연구했다. 요즘도 이렇게 연구하기는 하지만 DNA 분석기술이 발달하여 배지에서 자라지 않는 세균도 연구한다. 예를 들어 식물 주변에 어떤 세균이 있는지 알고 싶다면 뿌리 주위에서 추출한 DNA에서 세균의 DNA만을 분리하면 된다. 그럼 어떤 종류의 세균이 얼마나 살고 있는지 알 수 있다.

클로퍼 교수는 주로 병원균을 연구했지만, 식물 뿌리에 병을 일으키지 않고 함께 살아가는 세균에도 관심이 있었다. 특히 배지에서 키우면 형광색을 내는 슈도모나스 플루오레센스Pseudomonas fluorescens 세균 집단에 관심이 많았다. 연구하던 중 그는 아주 놀라운 사실을 알아냈는데, 슈도모나스 세균을 감자에 묻혀 심으면 감자의 생산이 두 배 이상 증가한다는 사실이었다. 이 획기적인 사실을 처음 논문으로 발표했을 때 대부분의 과학자들은 이 사실을 믿지 못했다. 이후 클로퍼 교수는 세균이 분비하는 사이드로포어siderophore 라는 특별한 물질이 이 현상의 원인이라는 사실을 밝혀 1980년 8월《네이처》에 발표했다. 사이드로포어는 토양 속 철분을 세균 속으로 끌어들이는 자석과도 같은 물질이다. 동물의 혈액이 붉은 이유가 혈액 속에 있는 철 성분이 산소와 만나 산화하기 때문이라는 사실은 누구나 알 것이다. 지구의 모든 생물체에는 철이 중요하다. 식물도 철이 부족하면 잘 자라지 못한다.

이 발견으로 클로퍼 교수는 UC버클리 역사상 처음으로 박사과정을 마치자마자 바로 정식 교수가 될 수 있었다. 클로퍼 교수의 발견은 그때까지 학자들이 가지고 있던 미생물에 대한 일반적인 생각을 뒤집었다. 지극히 하찮

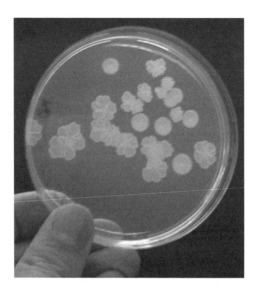

배지에서 형광색을 내는 슈도모나스 콜로니들

은 존재라고 생각했던 미생물이 식물의 생장에 영향을 줄 수 있다는 발견은 미생물을 농업에 이용해 생산량을 증대시킬 수 있는 획기적 계기를 마련한 것이었다.

안타깝게도 클로퍼 교수는 주위 교수들의 시기 때문에 UC버클리에 오래 있지 못했고, 캐나다의 정유회사로 적을 옮겼다. 당시 그 정유회사는 사업의 활로를 넓히기 위해 식물의 생장을 도와주는 '미생물비료'를 개발하는 중이어서 이 분야의 최고 전문가인 그를 스카우트한 것이다. 그곳에서 클로퍼 교수는 유익한 세균을 식물의 뿌리에 뿌리거나 씨앗과 같이 묻으면 식물이 잘 자란다는, 지도교수 밀턴 슈로스의 이론을 농업에 적용하기 위해 다양한 식물로 실험을 진행했다. 그의 실험 가운데 성공적인 것 중 하나가 카놀라로 했던 실험이다. 카놀라는 유채와 비슷하게 생겼다. 노란꽃이 피고 종자가 맺히는데, 이 종자에서 기름을 짜내 식용유로 만든다. 카놀라는 대부분 캐나다에서 생산되는데, 클로퍼 교수는 미생물을 이용해 카놀라의 생산량을 크게 늘릴 수 있었다. 상업적으로 큰 성공을 거둔 후 그는 못다 한 연구를 다시 하기 위해 미국 남부 앨라배마 주의 어번대학 교수로 부임하며 본격적으로 학자의 길을 걷기 시작했다.

## 다재다능한 슈도모나스 세균: 밀을 구하라

클로퍼 교수가 미국을 떠나 있는 동안 미국 북서부의 워싱턴 주에서는 슈도모나스의 새로운 능력을 찾는 연구가 한창 진행되고 있었다. 제임스 쿡R. James Cook이라는 걸출한 미생물학자가 이끄는 미국 농무성의 토양병연구소는 그때까지 풀리지 않던 수수께끼를 풀기 위해 한창 실험을 하고 있었다.

〈시애틀의 잠 못 이루는 밤〉이라는 영화로 유명한 시애틀은 워싱턴 주에

왼쪽은 식물생장촉진세균을 처리한 오이고, 오른쪽은 식물생장촉진세균을 처리하지 않은 오이다.

서 가장 큰 도시다. 요즘은 스타벅스 1호점이 있는 곳으로도 유명하다. 이 시애틀이 위치한 워싱턴 주는 밀과 보리의 미국 내 주산지로 유명한 곳이다. 우리가 지금 먹고 있는 빵을 만드는 밀가루 대부분은 아마 이 지역의 밀로 만들어졌을 것이다. 워싱턴 주에서 밀을 재배하기 시작한 지도 100년이 훨씬 넘었다. 워싱턴 주는 건조한 곳이기 때문에 관개시설을 이용해 물을 공급하지 않고는 밀을 재배할 수 없다. 이 지역의 초등학교 학생들에게 밀밭을 그리라고 하면 동그라미를 여러 개 그린다고 한다. 스프링클러에서 뿜어져나오는 물이 도달하는 곳에만 밀이 자라기 때문이다.

이 건조한 지역에서 밀을 재배할 때 가장 큰 문제는 뿌리썩음병Take-all disease이라는 심각한 곰팡이병이다. 이 병의 원인이 되는 곰팡이는 토양에서 살다가 밀의 뿌리가 자라나면 뿌리의 표면을 뚫고 들어가 뿌리를 말려 죽이다가 결국 식물까지 죽게 한다. 그래서 이 병에 한 번 걸리면 그 땅에서는 밀이 거의 생산되지 않는다. 우리나라의 인삼이나 참깨도 토양병* 때문에 연속해서 같은 땅에서 키우면 심각한 연작 장애가 발생한다. 이 병의 이름인 Take-all(모든 것을 가져가버린다!)도 신이 밀 열매를 모두 가져가버려 농부들에게는 빈손만 남기 때문에 지어진 이름이다.

이 병이 왜 이렇게 골칫거리가 되었을까? 이유는 크게 두 가지다. 첫 번째로 토양에서 생기는 병이기 때문에 농약을 사용하기 곤란하다는 점이다. 우리가 흔히 알고 있는 액체상태로 된 농약을 토양에 뿌리면 대부분 토양 입자에 흡착돼 곰팡이가 있는 뿌리까지 닿지도 못하니 병원균을 죽이기 힘들

---

* 식물에 병을 일으키는 병원균이 어디에서 왔는지에 따라 병을 구분하기도 한다. 공기 중에 노출된 잎과 줄기에는 포자가 날아와서 병을 일으키고, 토양 속 뿌리나 식물의 조직에는 토양 속 병원균이 병을 일으키는 양상을 띤다.

다. 두 번째는 땅속에서 병을 일으키는 토양병은 땅속이라는 특수성 때문에 퇴치가 힘들다. 식물은 땅속에 있는 뿌리로 영양분을 공급받고 수분도 유지하기 때문에 매해 피해가 누적돼 눈덩이처럼 커진다.

이런 문제 때문에 워싱턴 주에서는 밀을 밭에 뿌리기 전에 훈증이라는 과정을 거쳤다. 밭 전체를 비닐로 덮고 기체로 된 메틸브로마이드$^{methyl\ bromide,}$ $^{CH_3Br}$라는 화학물질을 뿜어 토양을 살균하는 것이다. 그런데 독성이 매우 강한 메틸브로마이드는 토양 속에 있는 어떤 생명체든 남김없이 죽여버려 백지 같은 생태계 진공을 만들어버린다. 미국의 농업이 급속하게 발전하게 된 데는 아주 독한 메틸브로마이드의 '공'이 매우 크다. 하지만 이제는 워싱턴 주에 가도 밭 전체를 비닐로 덮은 광경은 더 이상 볼 수 없다. 온실가스의 가장 큰 주범으로 냉장고 냉매로 사용되는 프레온가스와 더불어 메틸브로마이드가 지목되면서 전 세계적으로 사용이 금지되었기 때문이다.

쿡은 메틸브로마이드의 신봉자였다. 메틸브로마이드를 사용한 밭과 그렇지 않은 밭의 작물 수확량은 비교가 되지 않을 정도로 차이가 컸기 때문이다. 그래서 그는 뿌리 근처에 사는 토양세균이 작물의 생산량을 늘릴 수 있다는 클로퍼 교수의 발견을 애초부터 믿지 않았다. 쿡과 클로퍼는 식물이 병을 이겨내고 잘 자라게 된 결과에 대해 그 관점이 크게 달랐다. 쿡은 메틸브로마이드 같은 물질이 병을 일으키는 세균이나 곰팡이를 자라지 못하게 하기 때문에 식물이 잘 자라게 됐다고 생각했고, 클로퍼 교수는 땅속에 병원균이 있든 없든 식물을 잘 자라도록 해서 수확량을 늘리는 세균이 존재한다고 생각했다.

1997년 삿포로에서 만난 쿡은 메틸브로마이드 사용이 전 세계적으로 금지됐으니 새로운 방법을 찾아야 한다고 말했다. 그리고 그 역시 메틸브로마이드와 비슷한 역할을 하는 미생물을 찾아야겠다고 생각했다. 쿡은 워싱턴주립대학이 있는 워싱턴 주 풀만에서 주로 밀을 대상으로 오랫동안 연구를 진행했다. 미국 농무성에도 문제가 되는 밀의 뿌리썩음병을 주로 연구하는 특별 실험실이 있다.

## 밀밭의 수수께끼를 밝힌 쿡

항상 현장에 답이 있는 법이다. 뿌리썩음병이 100년 이상 워싱턴 주의 밀밭을 휩쓰는 가운데 아주 신기한 현상이 발견되었다. 뿌리썩음병이 지속적으로 증가하던 몇몇 농가의 밀밭에서 병이 서서히 감소하는 것이었다. 처음에는 우연한 현상으로 여겨졌지만 워싱턴 주 전역에서 이런 현상이 발견되자 이 현상에 '뿌리썩음병 감소Take-all decline, TAD'란 이름이 붙었다. 엄청나게 심각한 문제지만 해결책이 없어 골치인 병이 이유도 모르게 갑자기 사라지는 것이다. 믿기지 않는 이 현상을 보고받은 쿡은 사용이 금지된 메틸브로마이드의 대안을 찾기 위해서는 이 현상이 왜 일어나는지 밝히는 것이 중요하다는 사실을 직감했다. 계속 이야기하지만 과학에서 가장 중요한 것은 질문이다. 어떤 질문을 하고, 어떻게 해답을 찾느냐에 따라 그 과학자의 수준이 결정된다고 해도 과언이 아니다. 쿡의 대가다운 면모를 여기서 엿볼 수 있다.

그는 일단 TAD가 토양에서 일어난 현상임을 인지하고 토양에 그 원인이 되는 인자가 존재할 것이라고 생각했다. 가장 먼저 한 질문은 'TAD는 생명체에 의해 일어난 것인가? 아니면 물리적·화학적 원인에 기인한 것인가?'였다. 그는 이 질문에 대한 답을 실험으로 밝혀내기로 했다. 간단하게 설명하면 토양 속에 있는 생명체를 모두 죽여서 TAD의 효과가 없어지는지 그대로 남아 있는지를 확인하는 것이다. 땅속에 있는 생명체를 모두 죽이기 위해 쿡은 파스퇴르 살균법을 이용했다. 화학적 방법을 사용하면 토양 속에 화학물질이 잔류할 수 있기 때문에 물리적 방법으로 미생물을 죽일 수 있는 파스퇴르법을 사용했다.

파스퇴르가 개발해 유명해진 파스퇴르 살균법은 저온살균법이라고도 하는데, 예상하는 것처럼 영하의 온도에서 살균하는 방법은 아니다. 당시에는 살균을 할 때 섭씨 100도에서 끓이는 방법을 사용했는데, 파스퇴르 살균법은 그보다 낮은 온도에서 살균해서 저온살균법이라 부른다. 고온살균법은 121도까지 가열해서 30분 이상 유지하는 방법이고, 저온살균법은 63~65도로 가열해서 30분 동안 유지한 후 서서히 식히는 방법이다. 고온살균법으로 살균하면 생명체가 모두 죽지만 흙의 물리적·화학적 성질도 변성되기 때문에 쿡은 파스퇴르 살균법을 이용했다. 이 살균법은 우리에게도 낯설지 않다. 국내의 유명 우유회사가 저온살균법으로 살균한 우유를 판매하고 있기 때문이다.

실험결과 TAD 토양을 파스퇴르 살균법으로 살균하자 TAD의 효과가 완전히 없어졌다. 다시 말해 TAD는 생명체에 의해 일어난 것이다. 저온살균 후 뿌리썩음병을 일으키는 곰팡이를 식물에 접종하니 뿌리썩음병이 발생했다. 이로써 이 병은 토양의 종류나 구성성분, 산도<sup>pH</sup> 등 물리적인 요인 때문에 일어나지 않음이 확인되었다.

그렇다면 곰팡이, 세균, 바이러스, 고세균 등 많고 많은 생명체 중에 어떤 생명체가 TAD를 일으키는 걸까? 이제 쿡은 TAD가 발생한 토양에서 각각의 생명체를 분리해내는 어려운 작업에 착수했다. 식물의 종자는 현미경이

나 눈으로 보면서 하나씩 분리해낼 수 있지만, 눈에 보이지 않는 미생물은 하나씩 분리하는 것이 불가능하다. 그렇지만 방법이 없는 것은 아니다. 한 종류의 미생물을 분리하려면 배지에 여러 미생물을 키운 다음 섞여 있는 미생물들 가운데 모양과 색 등 형태적으로 구분되는 미생물의 콜로니들을 새로운 배지에 옮겨서 키우면 된다. 간단히 설명하면 다음과 같다.

분리하고자 하는 세균의 번식조건에 맞춰진 선택배지에 세균이 들어 있는 토양을 푼 물을 조금 붓고 잘 펴주면 배지에서 잘 자랄 수 있는 세균이 자란다. 보통은 곰팡이가 많이 자라는데, 우리가 원하는 미생물이 곰팡이가 아니라 세균이라면 이 배지는 곰팡이에 오염된 것이다. 여기서 오염이란 원하지 않는 미생물이 자라나는 것을 말한다. 이런 오염은 최소화해야 한다. 세균만 자라게 하는 방법은 이 배지에 곰팡이를 죽이는 살균제를 넣는 것이다. 반대로 곰팡이만 자라게 하고 싶다면 세균을 죽이는 항생제를 넣는다. 이렇게 하나의 미생물을 분리하는 방법을 순수배양이라고 한다. 토양 속에 있는 많은 종류의 미생물 중에서 순수하게 한 종류만을 골라내기 때문에 이렇게 부른다.

세균 한 종류를 순수배양으로 분리해내면 그 수가 너무 적어 식물의 뿌리나 잎에 뿌리기에 충분하지 않다. 그래서 다시 많은 양으로 키우는 과정이 필요하다. 이것을 대량배양이라고 한다. 세균이 잘 자라는 영양분이 가득 찬 액체 10리터를 섭씨 121도로 살균한 다음 여기에 순수분리한 세균을 조금만 넣고 적당한 온도에서 키운다. 이때 공기순환이 잘되도록 흔들어줘야 한다. 그러면 며칠 안에 엄청난 양의 세균을 얻을 수 있다. 이렇게 하면 어떤 세균이 TAD를 일으키는지 알아내기 위한 준비과정이 끝난다.

먼저 TAD가 발생한 토양을 파스퇴르법으로 살균한 후 대량배양한 세균들과 각각 섞는다. 그러면 성분은 똑같으면서 한 종류의 세균만 사는 샘플 토양이 준비된다. 이 토양과 뿌리썩음병이 발생한 토양, 즉 뿌리썩음병을 일으키는 곰팡이로 가득 찬 토양을 섞은 후 밀을 심는다. 결과에 대해서는 다음과 같이 예상할 수 있다.

TAD 토양을 살균한 토양과 뿌리썩음병이 발생한 토양을 섞은 후 밀을 심으면 뿌리썩음병이 발생할 것이다. 여기에 다시 TAD 토양을 뿌리썩음병이 발생한 토양과 섞고 밀을 심으면 병이 나지 않을 것이다. 실험에서는 TAD 토양 대신 순수분리한 세균의 대량배양액을 뿌리썩음병이 발생한 토양에 섞어준다. 만약 병이 나면 그 세균은 TAD 능력이 없다. 반대로 병이 나지 않으면 바로 그 세균이 TAD를 일으키는 데 중요한 역할을 한 세균이다. 참으로 단순하기 그지없는 실험이다. 하지만 실험을 마치기까지 장장 10년이 넘게 걸렸다. 기나긴 실험 끝에 쿡은 슈도모나스라는 세균과 이 세균이 만들

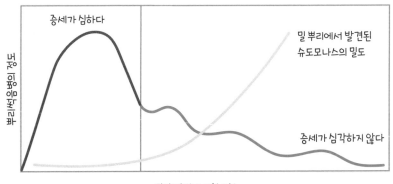

밀에서 제일 문제가 되는 병은 뿌리썩음병인데, 계속 한 곳에서 재배하다 보면 갑자기 이 병에 걸리지 않는 상태가 만들어진다. 반대로 슈도모나스라는 세균의 밀도는 증가하는데, 슈도모나스가 항생물질을 분비하여 이 곰팡이를 억제하는 것이다.

어내는 2, 4-디아세틸플로로글루시놀2, 4-diacetylphloroglucinol, DAPG이라는 항생물질이 TAD를 일으키는 원인이라는 사실을 밝혀냈다.

이렇듯 TAD처럼 세균 같은 생물체를 이용해 병원성 미생물을 퇴치하는 것을 생물적 방제biological control라고 한다. 워싱턴 주 밀밭에서 생겨난 TAD는 자연이 진행한 생물적 방제라고 할 수 있다. 슈도모나스는 클로퍼 교수가 식물의 생장을 촉진하는 세균을 연구할 때 주목했던 그 세균이다. 매우 다재다능한 세균이다. 쿡의 슈도모나스 연구는 클로퍼 교수가 캐나다에 있는 동안 진행되었다.

그런데 슈도모나스는 어떻게 갑자기 늘어나게 되었을까? 아직 그 기작이 정확하게 알려지지 않았지만, 병원균의 창궐로 만들어진 어떤 물질이 슈도모나스의 먹이가 되었거나 신호물질이 되어 슈도모나스를 끌어들이고 더불어 병원균의 밀도를 떨어뜨렸다는 가설이 설득력을 얻고 있다. 자연은 언제나 하나의 종이 오랫동안 한 장소를 차지하는 것을 내버려두지 않는다. 대항마를 만들어 균형을 유지하려고 한다. 지금까지 예외가 있다면 인간이라는 종이 지구를 차지한 것이다. 균형을 위해서라면 아마 자연이 가만히 있지 않을 것이다.


## 식물의 보디가드

한편 클로퍼 교수는 어번대학으로 옮겨 연구를 계속하면서 한 가지 큰 변화를 겪는다. 식물생장촉진세균 연구에 슈도모나스를 이용하기를 포기하고 바실러스를 연구하기 시작한 것이다. 바실러스는 앞서 나무 지킴이 세균으로 소개되기도 했다. 여기서 이 두 세균의 특징을 잠깐 살펴보자.

앞에서 세균은 크게 그람양성세균과 그람음성세균으로 나눌 수 있다고 설명했다. 1884년 한스 크리스티안 그람은 자신이 개발한 염색법으로 염색이 잘되는 세균을 그람양성, 염색이 잘 되지 않는 세균을 그람음성으로 분류했다. 당시에는 왜 이런 차이가 생겨나는지 몰랐지만 나중에 둘의 차이는 세포벽이 서로 다르기 때문에 생겨난 것으로 밝혀졌다. 그람양성세균의 세포벽은 두껍고 튼튼하다. 그람양성세균은 외부 환경에 대해 견디는 힘이 강해서 극한의 환경에서도 잘 죽지 않는다. 반면 세포벽이 얇은 그람음성세균은 외부 환경에 민감해서 쉽게 죽는다. 파스퇴르 살균법은 이 점을 이용한 살균법이다. 우리 몸에 유익한 균 대부분은 그람양성세균이어서 섭씨 65도의 온도에서도 모두 살아남을 수 있지만, 우리 몸에 해를 끼치는 균 대부분은 그람음성세균이어서 이 정도 온도에도 모두 죽는다. 클로퍼 교수가 초기에 연구한 슈도모나스는 그람음성세균이고, 나중에 주요 연구대상이 된 바실러스는 그람양성세균이다.

그람양성세균인 바실러스는 또 다른 중요한 특징이 있다. 휴면포자를 만든다는 점이다. 휴면포자는 먹이가 없을 때는 잠들었다가 먹이가 생기면 다시 살아나기 위해 만든 구조다. 그 벽이 두꺼워 후막포자라고도 부르는데, 세균이 극심한 환경 변화에도 잘 살아남을 수 있도록 해준다. 다시 깨어나기 위해 존재하는 휴면포자는 기존의 세포벽보다 더욱 강해진 세포벽 안에서 DNA만 지니고 있기 때문에 살아 있지만 살아 있지 않은 것처럼 존재한다. 이들은 섭씨 100도 이상의 높은 온도와 pH2의 강한 산도, 엄청난 압력에도 거뜬히 버틸 수 있다. 이 '잠자는 공주'를 깨우는, 지금까지 알려진 유일한 방법은 키스가 아니라 영양분이다. 식물에 유익한 바실러스를 토양으로부터 순수분리한 후 대량배양하여 다시 뿌리에 부어주면 뿌리에서 나오는 영양분을 감지하고 활동을 재개한다.

클로퍼 교수가 슈도모나스 대신 바실러스에 주목했던 이유가 이 휴면포자에 있다. 캐나다에서 슈도모나스를 이용해 미생물 비료나 농약을 개발하려고 했지만, 슈도모나스는 장기보관이 어려웠다. 그람음성세균인 슈도모나스는 포자가 없어 휴면을 하지 않기 때문에 아무리 보관을 잘해도 두세 달을 넘기지 못했다. 최근 들어 슈도모나스를 좀더 길게 보관할 수 있는 새로운 기술이 개발되었다고는 하지만, 바실러스의 보관기간인 1~2년(사실 수십 년도 보관할 수 있다)에 비하면 비교가 되지 않는다. 농업현장에 적용할 미생물 제품을 개발할 때는 슈도모나스의 이러한 단점이 치명적이다. 이 미생물이 살아 있어야 식물에 좋은 영향을 끼칠 수 있다.

클로퍼 교수는 1980년대에 들어서 미생물을 이용한 비료나 농약을 개발하려고 했지만, 이미 그보다 50년 전에 이와 비슷한 생각을 한 사람들이 있었다. 미생물을 농업현장에 가장 먼저 적용한 나라는 철의 장벽을 세우고 외부와 거의 소통하지 않았던 구소련(러시아)과 중국이었다. 특히 중국은 서구와 거의 교류하지 않았기 때문에 화학적 방법을 이용한 농업이 발달하지 못했다. 농사를 지으려면 비료와 농약은 꼭 필요하므로 이 문제를 해결하기 위해 당시 소련과 중국의 미생물학자들은 일찍이 토양 미생물을 이용했다. 중국에서는 이런 세균들을 생장촉진세균Yield Increasing Bacteria이라고 불렀다. 중국에서는 이미 오랜 경험을 통해 슈도모나스가 아니라 바실러스를 이용한 생물비료를 사용하고 있었다.

클로퍼 교수는 식물의 생장을 촉진하는 바실러스 연구를 위해 여러 번 중국을 오가며 실험 노하우를 전수받은 것 같다. 나 역시 클로퍼 교수의 실험실에 있던 동안 베이징농업대학(현재 중국농업대학)에서 유학 온 학생 두 명과 함께 실험했다. 뿐만 아니라 내가 실험실에 들어가기 전에도 많은 중국 학생들이 클로퍼 교수의 실험실을 거쳐 갔다고 한다. 그 학생들 중 강웨이 Wei Gang라는 인물이 있다. 그는 클로퍼 교수를 다시 부각시킨 새로운 발견을 한 인물이다.

1991년 강웨이는 미국《식물병리학회지Phytopathology》에 획기적인 연구 결과를 발표했다. 당시는 식물도 면역이 있는지 없는지에 대한 논쟁이 한창 뜨거운 시절이었다. 강웨이는 식물의 뿌리에 바실러스를 부어주면 식물에 면역이 생겨서 잎에 나는 병이 줄어들 것이라는 대담한 생각을 했다. 당시까지만 하더라도 뿌리에 나는 병을 막으려면 뿌리에 유익한 세균을 부어줘

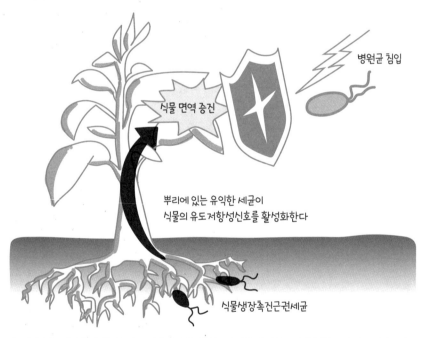

식물 면역 증진

병원균 침입

뿌리에 있는 유익한 세균이
식물의 유도저항성신호를 활성화한다

식물생장촉진근권세균

뿌리에 있는 생장촉진세균이 식물 전신의 면역력을 높여줘 잎에 병원균이 침입하는 것까지 막아준다.

야 하고, 잎에 나는 병을 막으려면 잎에 세균을 뿌려줘야 한다고 생각했다. 그런데 땅속과 땅 위라는 공간적으로 서로 분리된 상태에서 잎에 나는 병을 막기 위해 전혀 다른 공간에 있는 전혀 다른 조직인 뿌리에 세균을 부어준다는 것은 쉽게 받아들이기 힘든 획기적인 아이디어였다. 뒤에서 자세히 설명하겠지만 이 현상을 유도저항성이라고 한다.

공교롭게도 같은 해인 1991년에 같은 개념의 연구결과를 스웨덴과 네덜란드에 있는 두 곳의 전혀 다른 실험실에서 발표했다. 모두 토양세균에 의해 식물 면역이 발현되고, 이 덕분에 잎에 발생하는 곰팡이병이나 세균병이 줄어든다는 내용이었다. 이 개념이 성립하려면 뿌리에서 잎으로 어떤 신호가 전달되고, 이 신호에 따라 잎에서 병원균을 막을 수 있는 다양한 물질이 만들어져야 한다. 이후에 이러한 현상들을 밝히는 연구들이 진행되어 지금은 식물을 전공한 과학자라면 당연한 현상으로 받아들인다.

같은 내용의 연구결과를 발표한 두 실험실은 논문이 발표되기 전에는 서로 아무런 교류가 없었다고 한다. 이걸 보면 사람들은 모두 비슷한 때에 비슷한 생각을 하는 것 같다.

삿포로에서 열린 학회에서 내가 처음 클로퍼 교수를 만난 지도 20년이 되었다. 클로퍼 교수에 대한 에피소드는 밤새도록 이야기할 수 있을 정도로 많다. 언제나 남을 존중하고 당신이 최고라고 이야기해주는 그의 태도를 보면서 대가로서의 넓은 마음과 배포를 배웠다. 과학에 대한 그의 집중력과 열정은 넘볼 수 없는 수준이어서 언제나 존경스럽다. 삿포로에서의 인연을 시작으로 식물생장촉진세균 역사의 순간순간에 서 있던 것은 내게 큰 행운이었다. 앞으로 이 분야에 어떤 새로운 영웅들이 나타나 새로운 역사를 써나갈지 기대가 된다.

# 9

# 식물 면역을 높이는 방법:
# 너무 힘 빼지 말자!

어느 날 아이들과 함께 내셔널 지오그래픽 채널의 다큐멘터리를 보다가 그만 놀라서 벌떡 일어났다. 가까운 친구가 프로그램에 나왔기 때문이었다. 그가 멕시코의 풀밭과 해변에서 열심히 설명하는 모습이 한참동안 TV 화면에서 흘러나왔다. 생태학자 마틴 하일Martin Heil이다. 생각난 김에 오랜만에 마틴에게 메일을 보냈더니 그는 곧 답장을 보냈다. 사실 똑같은 장면을 영어와 프랑스어로 두 번 찍었고, 날이 더워 꽤 고생했다는 등 촬영 뒷얘기를 담은 내용이었다. 기억이 났다. '이 친구 언어 천재였지!' 나는 마틴이 대체 몇 개 언어까지 할 수 있는지가 궁금하다. 모국어인 독일어는 기본이고, 프랑스어, 스페인어, 영어 모두 유창하다. 언어에 대한 뛰어난 감각 덕분일까? 마틴의 주 연구분야는 식물과 곤충의 대화다.

## 식물을 보는 생태학자의 새로운 눈

앞에서도 말했듯이 지금은 식물에도 면역 시스템이 존재한다는 사실이 상식이 되었지만, 이러한 주장이 처음 대두됐을 당시에는 식물학자들조차 동물의 전유물인 면역 시스템이 식물에도 존재한다는 건 말이 되지 않는다며 공격했다. 이들이 거부감을 가지든 말든 수억 년 동안 식물은 다양한 생물적·무생물적 요인에 의해 전신에 면역작용이 생겨 외부의 다양한 스트레스를 견뎌낸다. 식물은 마음대로 움직이지 못한다. 따라서 외부로부터 공격을 받을 때 가장 중요한 것은 다른 조직으로 재빨리 신호를 보내서 공격받고 있다는 사실을 알리고 같은 공격에 대비하는 것이다. 그렇지 않으면 일단 한곳을 공격한 병원체(세균, 바이러스, 곰팡이, 곤충)가 다른 기관을 공격해 병을 일으키기 때문이다. 지금부터 이야기할 식물의 면역작용이 없었다면 이미 지구상에서 멸종했을 것이다. 이러한 식물 면역 현상을 유도저항성 induced resistance 이라고 한다.

나는 2000년 그리스의 콩푸라는 섬에서 열린 제1회 유도저항성 국제학회에 참석한 적이 있다. 이 학회는 유도저항성에 대한 당시까지의 연구와 문제점들을 논의하기 위해 관련 연구를 하는 전 세계 과학자들이 처음으로 모인 자리였다. 이 자리에는 유도저항성의 아버지라고 불리는 조셉 쿠시 Joseph Kuc 도 참석했다. 쿠시의 업적은 식물에도 면역성이 있고, 동물에서의 백신작용과 유사한 작용이 존재한다는 사실을 최초로 발견한 것이다.

학회에서는 유도저항성이 발견된 후 문제가 되었던 용어상의 혼용문제를 정리하고, 유도저항성에 대해 아직 풀리지 않은 다양한 문제들을 해결하기 위한 여러 시도들이 보고됐다. 나는 이곳에서 마틴을 처음 만났는데, 그의 발표는 학회에 참석한 많은 과학자들의 찬사를 받았다. 주로 미생물이 일으키는 식물병을 토론하는 자리에서 곤충을 기본으로 생태학을 연구하는 생태학자가 무슨 내용을 발표한다는 것인지 처음에는 의아했지만, 듣고 보니 놀라웠다. 마틴은 에너지보존이론에 대해 발표했는데, 생태학적 이론과 난해한 통계학적 결과를 보면서 이해가 되지 않아 어리둥절해한 학자들도 여럿 있었다. 하지만 이 발표로 인해 마틴은 새로운 분야를 만들고 대가의 반열에 올랐다.

마틴의 에너지보존이론이란 자신이 가진 한정된 에너지를 생장하는 데 쓰지 못한 식물은 수명이 단축된다는 이론이다. 동물은 어느 정도 자라면 성장이 멈춘다. 식물도 마찬가지다. 식물은 꽃을 피우기 전 몸집을 불리는 단계인 영양생장 단계와 꽃을 피우고 종자를 맺는 생식생장 단계로 나뉘는데, 두 단계 모두 에너지가 많이 필요하다. 식물이 이 두 단계에 자신의 에너지를 오롯이 집중하는 게 가장 좋겠지만, 외부에서 병원균이나 곤충이 공격하면 자라는 데 사용해야 할 에너지를 이 공격자를 막는 데 사용해야 한다. 식물은 오랜 경험을 통해 이 공격자를 막지 못하면 자신들은 늙어 죽는 것이 아니라 공격당해 죽는다는 것을 알고 있다. 결국 식물은 성장에 필요한 에너지를 다른 곳에 사용할지 말지를 결정해야 할 순간들을 만나게 된다. 마틴은 식물에 이러한 현상이 존재하며 이를 실험적으로 증명하고 에너지보존이론이라는 이름을 붙여주었다.

마틴은 에너지보존이론을 증명하기 위해 간단한 실험을 진행했다. 그런데 막상 실험을 하려니 고민스러워졌다. 병원균을 식물에 직접 처리해야 할까? 그럼 얼마나 처리해야 할까? 세균은 너무 작아 수를 세기도 힘들고 어떤 상태에 있는지도 알기 어렵다. 병원균도 생물이므로 식물의 상태, 온도,

습도 같은 다양한 환경조건의 영향을 받으니 병의 진전도 매번 차이가 심하다. 이 문제를 어떻게 해결해야 할까?

결국 마틴은 병원균을 직접 처리하는 대신 식물이 병원균이 침입했을 때와 똑같은 반응을 보이도록 하는 화학물질을 사용했다. 벤조티아디아졸Benzothiadiazole, BTH이라는 물질이다. BTH는 병원균이 침입하지 않아도 식물에 병이 침입한 것과 같은 저항성반응을 일으킨다는 사실이 오랜 연구를 통해 알려져 있다. 신젠타Syngenta라는 농약회사에서 상품화하여 많은 농민들의 관심을 끌었던 물질이다.

마틴은 BTH를 밀에 뿌린 후 밀이 자라는 양상과 수확량을 조사했다. BTH를 뿌리기 전에 질소비료를 미리 뿌려준 처리구를 두었는데, 식물을 잘 자라게 하는 질소비료가 식물에 충분한 에너지를 제공하고 있을 때 BTH를 뿌려 저항성반응을 일으키면 식물에 어떤 일이 일어날지 확인해보기 위해서였다. 그는 다음과 같이 예상했다. BTH를 뿌려준 밀은 병원균이 없는데도 병원균이 있는 것처럼 착각하고 저항성반응을 일으키기 때문에 자신의 에너지를 계속 소비할 것이다. 그런데 만약 밀에 질소비료를 미리 주었다면 에너지를 보다 많이 가지고 있기 때문에 에너지 손실이 적을 것이다.

실험결과 예상했던 대로 BTH만 처리한 밀의 수확량은 그렇지 않은 밀에 비하면 절반도 안 돼 제대로 수확할 수 없을 정도였다. 반면 질소비료를 뿌린 후 BTH를 더해준 밀에서는 식물의 생장이 억제되는 현상이 눈에 띄게 줄었고, BTH를 뿌려준 밀과 그렇지 않은 밀의 수확량도 차이가 거의 없었다. 식물은 병원균이 침입하면 퇴치에 많은 에너지를 사용하기 때문에 생장하는 데 사용할 에너지가 절대적으로 부족해져서 열매 맺기도 힘든 지경이 된다는 가설이 증명되었다. 실험은 대성공이었다. 생명체에서 일어나는 일들은 동물에서나 식물에서나 대부분 비슷한 것 같다. 이후로 식물은 물론이고 눈에 보이지 않는 세균에서 동물에 이르기까지 에너지보존이론으로 설명할 수 있는 비슷한 현상에 대한 보고가 줄을 이었다.

이전에는 생명공학 기술을 이용해 병에 걸리지 않는 식물체를 만들기 위해 많은 노력을 했다. 병에 잘 걸리지 않는 저항성 식물을 병원균이 공격하면 식물은 즉각적으로 반응하여 새로운 물질을 만들어낸다. 이 새로운 물질이라는 것이 결국 식물의 DNA로부터 만들어진 것이기에 저항성반응과 관련된 DNA를 식물에 삽입하여 이 물질을 계속해서 많이 만들도록 하면 식물이 병에 걸리지 않을 것이라는 아이디어를 가지고 연구했다. 하지만 아이

에너지보존이론을 보여주는 실험. 왼쪽은 면역반응을 촉진하는 물질인 BTH를 처리한 식물이고, 오른쪽은 아무 처리도 하지 않은 정상상태다. 병원균이나 곤충이 침입하면 식물의 생장이 줄어든다는 사실을 간접적으로 보여준다.

디어와 현실은 늘 차이가 있는 법이다. DNA를 삽입하여 저항성이 계속 일어나도록 한 식물들은 하나같이 잘 자라지 못했다. 원인을 찾기 위해 많은 과학자들이 연구를 했지만 뚜렷한 결론을 얻지 못했다. 그러던 중 마틴의 에너지보존이론이 등장하면서 그 수수께끼가 한순간에 해결됐다. 병원균이 침입하지 않았는데도 공연히 병에 대한 저항성을 일으키는 것은 식물에게는 엄청난 에너지 낭비. 생명체에서는 균형과 조절의 역할이 중요하다는 것을 알 수 있다.

자연에서 자라는 식물체는 이런 문제를 극복하기 위해 병을 막기 위한 물질을 상당히 제한적으로, 꼭 필요할 때만 만들어낸다. 만드는 데 에너지가 너무 많이 들고, 병원균을 죽이기 위해 만들어낸 그 물질이 많아지면 식물 자신에게 해를 끼치기도 하기 때문이다. 이제 이 현상은 저항성 식물을 만들려는 과학자들이라면 누구나 아는 상식이 되었다.

병에 대한 식물의 저항성반응을 둘러싸고 자연에서 벌어지는 현상을 연구하는 생태학자와 식물체 내에서 일어나는 유전자 발현*을 연구하는 식물병리학자들의 서로 다른 관점이 재미있다. 식물병리학자들은 면역을 유도하는 데만 관심이 있었지 생장에는 관심이 없었다. 이에 비해 생태학자들은 식물이 자신이 만들어내는 독성물질이라도 빨리 분해하지 않으면 생장에 치명적인 문제가 생긴다고 봤다. 면역을 유도하는 BTH 역시 활성산소처럼 빨리 분해하지 않으면 독으로 작용한다. 따라서 자연에서 독성물질을 계속해서 만들어내는 식물은 찾아볼 수가 없다. 살아남기 위해서는 바로 분해해야 한다. 그런데 식물병리학자들은 BTH를 처리해 식물에게 면역을 계속 유도했으니, 식물은 체내에 독성물질이 축적되어 잘 자라지 못했던 것이다. 생태학자로서 이러한 기본 지식이 있었던 마틴은 식물이 가장 에너지를 많이 사용하는 활동이 생장과 식물 면역이라는 점에 주목해 이 문제에 접근했다(당시 생태학계에서 논란이 분분한 내용이기는 했다). 두 분야를 모두 이해한 그의 혜안이 놀랍다. 최근 융합연구에 대한 관심이 높은데, 자기 분야에 대한 지식이 충분하면 이것이 안경이 되어 다른 분야를 새롭게 볼 수 있게 된다. 융합은 이때 시작되는 것이다.

## 에너지보존이론을 벗어난 실험결과

마틴을 만난 2000년 나는 클로퍼 교수와 함께 식물의 저항성에 관한 실험을 하고 있던 박사과정 학생이었다. 당시 나는 토양세균을 식물 뿌리에 처리하면 잎에 병이 잘 생기지 않는 현상을 연구하고 있었다. 앞서 언급한 중국인 선배 강웨이의 연구를 이어받아 진행한 연구였다. 특히 우리가 사용한 세균은 식물을 병으로부터 보호하는 역할을 하는 식물생장촉진세균 바실러스여서 마틴이 이야기한 대로 식물에 저항성반응이 일어난다면 식물의 생장이 줄어들어야 했다. 그런데 우리의 실험에서는 줄어들기는커녕 오히려 더 잘 자라고 수확량도 더 많아졌다. 어떻게 된 일일까? 여기서 상당히 복잡한 신호전달 과정에 대한 이야기가 필요하다. 앞서 이야기한 것을 기억에서 끄집어내 정리해보자.

어떤 생명체나 물질이 식물의 한 부분(잎이나 뿌리 등)에 닿으면 식물은 자

---

* DNA-RNA-단백질로 이어지는 생명체의 중심 원리로서 DNA에서 RNA가 만들어지고, 다시 단백질이 만들어지는 작용을 말한다. 여기서 유전자는 주로 DNA를 말하고, 이것이 RNA나 단백질을 만들면 발현이라고 한다. 주로 DNA, RNA, 단백질을 양적으로 정량화하여 발현을 조사한다.

신의 나머지 조직에 면역력을 발생시킨다. 이를 유도저항성이라고 한다. 이 반응은 초기에 닿는 생명체의 종류에 따라 크게 두 가지로 구분된다. 병원균이 식물의 한 부위를 공격하면 식물은 살리실산을 많이 만들어낸다. 이때 살리실산은 병원균이 공격한 부위뿐 아니라 전체적으로 늘어나고 그에 따라 식물에 면역력이 생겨 계속되는 병원균의 공격을 막을 수 있다. 이것을 SAR<sup>Systemic Acquired Resistance</sup>이라고 부른다. 그런데 만약 그 생명체가 병원균이 아니라 식물에 유익한 영향을 주는 식물생장촉진세균이라면 살리실산이 아니라 자스몬산이라는 호르몬이 증가하여 병을 막는다. 이 현상을 ISR<sup>Induced Systemic Resistance</sup>이라고 한다. 흥미로운 점은 자스몬산은 곤충이 공격할 때 식물이 반응하여 증가하는 식물 호르몬이라는 점이다.

다시 에너지보존이론에 대한 이야기로 돌아가보자. 클로퍼 교수와 내가 연구한 ISR은 마틴의 에너지보존이론과 정반대의 결과를 얻었기 때문에 과학적으로 이를 설명할 새로운 이론이 필요했다. 어떻게 식물생장촉진세균은 식물의 에너지 소비 없이 유도저항성을 일으키고도 식물의 생장을 더 좋게 할 수 있을까?

우리의 난제를 풀어낸 곳은 다름 아닌 우리의 경쟁자였던 네덜란드의 코네 피트제이<sup>Corne Pieterse</sup> 그룹이었다. 피트제이가 이끄는 네덜란드 그룹은 토양에 사는 식물생장촉진세균이 어떻게 식물에 면역을 유발하는지 이해하기 위해 마이크로어레이<sup>Microarray</sup> 기술을 이용했다. 지금은 퇴물이 되었지만 당시에는 최고의 과학기술이었다. 이들은 모델 식물인 애기장대의 유전자 하나하나를 유리판 위에 올려놓고, 생장촉진세균을 뿌리에 부어준 식물과 물만 부어준 식물을 비교하면서 차이 나는 유전자를 찾아 생장촉진세균이 어떤 유전자를 발현하여 ISR을 일으키는지를 알아내려고 했다. 그런데 예상과 다른 결과가 계속 관찰되었다. 생장촉진세균을 처리한 식물에서는 유전자의 변화가 전혀 나타나지 않은 것이다. 이것을 어떻게 설명해야 할까? 분명 생장촉진세균을 처리하면 병원균의 숫자가 줄어들고 병이 나지 않는데, 정작 식물의 유전자에서는 어떤 변화도 관찰되지 않다니!

여러 시도 끝에 마지막으로 피트제이는 식물생장촉진세균을 처리한 일주일 후 애기장대의 잎에 병원균을 접종하고 마이크로어레이 실험을 해보았다. 그런데 놀랍게도 병원균이 잎에 접종되자마자 애기장대에서 식물 면역 관련 유전자들이 엄청나게 발현되었다. 이 부분이 사실 이해하기가 쉽지 않은데, 생장촉진세균이 뿌리에 존재하면 이 세균은 병원균이 아니기 때문에 식물은 아무 반응을 하지 않는다. 원래 토양 속에는 수만 종의 세균이 살지만 대부분 병원균이 아니고 식물과는 상관없이 유기물을 분해하는 부생균이어서 식물도 크게 반응을 하지 않는다. 하지만 이런 부생균도 대량배양으로 많은 양을 넣어주면 식물은 바로 반응하지는 않더라도 특별한 방법으로 기억한다. 이후 병원균이 공격하면 이 기억에 따라서 병원균에 대해 저항성반응을 빨리 만들어낸다. 이것이 앞으로 이야기하게 될 프라이밍^priming 이다. 다시 말해 생장촉진세균이 식물을 자극하면 식물은 백신반응처럼 이 자극을 기억하고 있다가 병원균이 오면 저항성반응을 만들어내는 것이다. 덧붙이자면 원래 세균은 착한 균도 나쁜 균도 없다. 인간의 입장에서 식물을 공격하면 나쁜 균, 이런 나쁜 균을 죽이거나 식물을 잘 자라게 하면 착한 균으로 분류할 뿐이다. 자연에서는 착한 균이 특별한 조건에서 나쁜 균으로 바뀌기도 한다.

# 식물도 기억한다, 저항성 프라이밍

프라임prime은 '최고'라는 뜻(영화 〈트랜스포머〉의 옵티머스 '프라임'을 생각해보시라!)으로 많이 사용되지만, 원래는 '대비시키다', '준비시키다'라는 의미다. 식물학에서는 '준비시키다'라는 의미로 사용한다. 저항성 프라이밍Defense priming 이론이 등장하기 이전에 종자를 이용한 종자 프라이밍Seed priming이라는 것이 있었다. 종자 프라이밍은 발아가 잘되지 않는 종자를 빨리 고르게 발아시키는 방법이다. 적당한 온도에서 물을 넣어주면 종자는 발아를 시작하려고 하는데, 종자가 발아하기 직전에 물을 제거하고 말려주면 모든 조건이 종자를 발아시키기 직전 단계에 멈춘 채 다시 휴면상태에 빠진다. TV로 육상경기를 볼 때 엄청난 추진력으로 출발한 우사인 볼트를 일시정지 단추를 눌러 정지시킨 것과 비슷하다. 이후 다시 적당한 온도에서 물을 넣어주면 한 번에 발아하는 종자보다 빨리 발아한다. 이제 재생 단추를 누르면 우사인 볼트는 엄청난 추진력으로 다시 달린다.

저항성 프라이밍 이야기로 돌아가보자. 식물생장촉진세균을 식물에 처리하면 식물은 즉각적으로 저항성반응을 일으키지 않고 반응을 일으킬 준비단계를 거친다. 이후 병원균 같은 자극이 오면 이미 반응을 준비하는 단계이기 때문에 더 빨리, 더 강하게 저항성반응을 일으켜 병원균을 막아내는 것이다. 독감에 걸리지 않기 위해 독감 예방주사를 맞는 것과 비슷하다면 이해가 빠를지도 모르겠다. 나는 처음 이 개념을 들었을 때 이해가 잘되지 않아 저항성 전문가에게 질문한 적이 있다. 그는 이렇게 설명해주었다.

"우리가 평소 집에서 TV나 전등을 켤 때는 그냥 스위치나 리모콘을 누르기만 하면 됩니다. 하지만 집 전체에 전기가 나가면 어떻게 하죠? 집 전체의 전기를 담당하는 메인 스위치(두꺼비집)를 올려야 전자제품을 사용할 수 있습니다. 저항성 프라이밍도 이와 비슷합니다. 생장촉진세균에 의해 식물의 면역반응의 메인 스위치가 켜진 상태에서 병원균이 오면, 스위치를 누르기만 해도 전자제품이 켜지는 것처럼 다양한 저항성반응을 유도할 수 있습니다."

이제 생장촉진세균에 의한 식물의 면역반응과 생장 촉진을 저항성 프라이밍 이론으로 설명할 수 있게 되었다. 프라이밍 작용 덕분에 식물은 계속해서 면역반응을 발현할 필요가 없으므로 에너지를 효율적으로 쓸 수 있게 된 것이다. 이 현상의 핵심은 생장촉진세균에 의해 식물의 면역이 증진되고, 생장도 잘해서 수확량까지 좋아지는 것이다. 하지만 우리를 괴롭히는 난제는 여전히 해결되지 않았다. 마틴의 에너지보존이론에 따르면 식물의

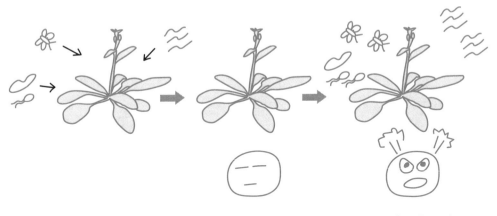

식물이 여러 가지 스트레스를 받으면 세포 수준에서 이 스트레스를 기억한다.

저항성반응은 지속되지 않지만 기억은 계속 하고 있다.

다시 비슷한 자극이 오면 이전보다 빠르고 강하게 저항성반응을 보인다.

저항성 프라이밍이란 '기억'이다

면역이 증진되면 에너지는 한정되어 있기 때문에 정상적으로 생장할 수 없다. 그런데 이론과는 달리 생장이 오히려 더 잘되는 현상이 나타났다. 이 모순이 반드시 설명되어야 했다.

과학자들은 병원균에 강한 저항성 식물을 만들기 위해 식물이 저항성을 지속적으로 유지하는 단백질을 계속해서 만들도록 조절하지만, 식물이 스스로 조절하는 것이 아니라는 점이 문제가 된다. 식물은 자신의 에너지를 계속 사용할 때의 문제점을 너무나 잘 알고 있기 때문에 스스로 에너지 사용을 조절하려고 한다. 운전할 때 속도를 높이고 싶으면 액셀을 밟고 속도를 줄이고 싶으면 브레이크를 밟듯이 식물 세포도 조절인자를 갖고 있어 하나의 특이 단백질이 너무 많이 발현되지 않도록 한다. 그런데 이를 자연스럽게 조절하지 못하도록 유전자를 조작한 식물은 제대로 크지 못한다. 자신의 에너지를 제대로 조절하지 못하는 생명체는 정상적으로 생존하기 어렵다.

이에 비해 식물과 생장촉진세균은 오랫동안 소통해왔기 때문에 생장촉진세균은 식물로 하여금 자연스럽게 에너지 사용을 조절하게끔 할 수 있다. 생장촉진세균은 식물이 저항성 단백질을 새롭게 만들 정도의 변화를 일으키지는 않지만 단백질을 만들 준비가 된 상태로 만든다. 마치 집에 메인 스위치를 올려 언제든 전자제품을 사용할 수 있도록 한 것처럼 말이다. 식물이 반응 직전의 준비된 상태라면 언젠가 병원균이나 다른 스트레스가 왔을 때 훨씬 빨리 반응할 수 있을 것이다. 빠른 반응은 식물에게 매우 중요하다. 식물이 지구상에 나타나 오랜 세월 살아오면서 형성된 치명적인 단점인 '움직이지 못하는 것'을 극복해야 하기 때문이다.

모든 생명체가 다 그렇겠지만 식물의 목적은 잘 자라서 꽃을 피우고 열매를 맺어서 내년에 자신과 같은 종이 땅에 뿌리를 내리고 자라는 것이다. 그래서 식물은 튼튼한 종자를 맺기 위해 모든 노력을 다한다. 제일 중요한 것은 기억과 기록이다. 매년 겪었던 다양한 스트레스와 병을 견디고 살아남기 위해 자신들이 겪은 일들을 고스란히 종자 속에 담아 자손들에게 물려주는 것이다. 그렇지 않으면 매년 반복되는 스트레스 때문에 식물은 지구상에서 멸종할 것이다. 지금 우리가 보고 있는 들풀 한 포기도 모두 이 과정을 거치고 견뎌낸 식물들이다.

그럼 식물은 어떻게 기억을 할까? 단순하게 이야기하면 DNA 속에 남겨둔다. 우리가 흔히 생각하는 '기억'이란 뇌 안에 정보를 담아놓는 것이라는 점에서 좀 생소하게 여겨질지도 모르겠다. 세균과 비교할 때 이 작업은 너무나 오래 걸리므로 그만큼 환경 변화에 대응하기가 쉽지 않다. 식물은 종자에서 다시 종자를 만드는 데 보통 1년이 걸리지만, 세균은 세대가 빨리 바뀌므로 이 과정이 몇 분밖에 걸리지 않는다. 그래서 식물은 외부의 스트레스에 대해 유도저항성이라는 현상을 만들어내고 병원균이 계속해서 공격하면 이전의 유도저항성을 기억에서 끄집어내 빠르고 강하게 유전자를 발현하여 그 공격을 막아낸다. 그리고 이 공격이 매년 동일하게 발생하면 마침내 필요한 유전자를 변형하는 과정에 들어선다. 이것도 수십만 년의 시간이 필요한 작업들이다.

세포 하나의 DNA를 풀면 길이가 1.5미터 정도 된다고 한다. 보통 식물의 세포 수는 1조 개가 넘는다고 하니 계산도 안 될 정도로 기다란 DNA 다발들이 종자 속에 담겨 있을 것이다. 식물의 유전자지도를 풀어보면 재미난 현상들을 많이 볼 수 있는데, 그중 하나가 생각보다 많은 양의 유전자가 병이나 스트레스에 관한 유전자라는 점이다. 그리고 똑같은 유전자가 여러 개 존재하는 것도 볼 수 있다. 자리만 차지할 것 같은데, 동일한 유전자가 여러 군데 존재하는 이유는 무엇 때문일까? 기억을 강화하고 외부 환경에 잘 대응하기 위해서일 것으로 짐작된다. DNA로 기억하면 내 자손은 내가 겪은 스트레스를 기억하고 극복할 수 있다는 장점이 있기 때문이다.

우리가 보기에 하찮은 생명체 같은 식물은 살아남기 위해 인간이 헤아리지 못하는 촘촘한 체계를 갖고 있다. 유전체 분석결과를 보면 식물이 왜 병에 걸리는지 이유를 알 수 없을 정도다. 식물은 지구상에 있는 대부분의 미생물에 대해 방어무기를 가지고 있는, 진정한 어벤져스 팀을 거느린 것처럼 보이기 때문이다. 그런데 식물은 늘 병에 걸린다. 왜 그럴까? 결국 병은 인식과 타이밍의 문제다. 어떤 식물이 멸종하지 않고 계속 생존해나가려면 병원균을 최대한 빠르게 인식하고 적절히 대처해야 한다. 생장촉진세균의 도움을 받은 식물은 많은 에너지를 사용하지 않고도 빠르게 병을 인식하고 대처할 수 있으며, 이 때문에 식물은 생장이 억제되기는커녕 오히려 생장이 촉진된다.

이렇게 해서 마틴 하일이 제안한 에너지보존이론이 어떻게 일반화되어 과학자들에게 받아들여졌는지, 그리고 그 이론에 맞지 않았던 식물생장촉진세균에 의한 저항성반응을 어떻게 설명할 수 있었는지 살펴보았다. 우리는 우리가 가진 이론과 논리를 너무 믿고 이것으로 모든 자연현상을 설명하려고 한다. 그러다 그 이론과 논리로 설명이 되지 않는 예외적인 현상을 만나면 아주 힘들어한다. 우리가 진리라고 믿는 많은 이론과 결론들은 사실 자연의 아주 작은 부분만 보여줄 뿐 보편적으로 일어나는 자연현상을 설명하기에는 아직 한계가 많다. 우리는 넓은 해변에 있는 한 알의 모래알만 한 지식을 가지고 그것이 백사장 전체인 양 잘난 체하는 어린아이 같은 처지일지도 모른다. 겸손은 과학자의 최고 미덕이다.

# 10

# 클로렐라
# 드셨습니까?

2014년 가을, 전라남도의 한 농민이 농촌진흥청을 찾았다. 농가에서 사용하는 신기한 생물비료를 분석하기 위해서였다. 이분은 당시 전라남도에서 농민들이 자체적으로 만들어 사용하던 생물비료가 어떻게 식물을 잘 자라게 하는지, 어떻게 작물을 수확한 다음에도 오랫동안 보관할 수 있도록 하는지 궁금해하셨다. 이 생물비료가 바로 이 장의 주인공인 클로렐라다. 내가 어릴 때는 클로렐라를 매일 비타민처럼 한 알 혹은 한 숟가락씩 먹는 것이 유행이었다. 종합비타민과 다양한 건강보조식품이 나오면서 지금은 거의 자취를 감추었지만 말이다. 미국이나 일본에서는 요즘도 중요한 건강보조식품으로 많이 먹고 있다고 한다. 농민들의 이야기에 따르면 이 클로렐라를 식물에 처리하면 식물이 튼튼해진다고 한다. 눈치 챘겠지만 이제부터 어떻게 클로렐라가 사람의 영양제를 넘어 식물의 영양제 역할을 하는지 연구한 내용을 소개하겠다.

## 클로렐라 넌 뭐니?

클로렐라는 미세조류microalgae에 속하는 생물이다. 조류algae는 크기로 구분할 때 거대조류macroalgae와 미세조류로 분류한다. 하늘을 나는 조류와는 달리 지금 이야기하는 조류는 주로 물속에 사는데, 바닷물에 사는 조류와 민물에 사는 조류로 구분하기도 한다. 최근에는 강과 바다가 만나는 위수역에서 바닷물과 민물 모두에서 살 수 있는 조류가 발견되기도 했다. 민물 미세조류인 클로렐라는 광합성을 하기 때문에 식물에 가깝다. 말이야 식물에 가깝다고 하지만 사실 광합성 효율이 식물보다 훨씬 강력하다.

조류는 지구 생태계 전체에서 아주 중요한 역할을 한다. 광합성을 통해 태양에너지를 탄수화물로 바꿔 물속 생물체에 제공해주니 말이다. 지상에서 식물이 하는 역할과 비슷한 역할을 한다. 그렇지만 조류가 문제가 되는 경우도 많다. 잘 알겠지만 강이나 바다에서 조류가 과다하게 번식하면, 이들이 생산하는 독소 때문에 다른 생명체에 위협이 되고 생태계는 교란에 빠진다. 강에서 녹조류가 대량으로 번식하여 '녹차라테'라고도 부르는 현상이

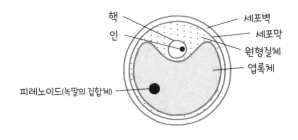

클로렐라의 구조

바로 그렇다. 보통은 물속에서 적정 밀도를 유지하며 살지만, 어떤 이유로 영양분이 과다해지고 수온이 높아지면 급격하게 그 밀도가 늘어난다.

클로렐라가 관심을 받게 된 계기는 대표적인 민물 조류인 클로렐라에서 사람의 건강에 유익한 물질이 많이 발견되면서부터다. 특히 클로렐라 세포벽에 있는 베타 글루칸 성분이 인체의 면역 증진에 도움이 된다는 보고가 많다. 그렇지만 클로렐라를 식물의 건강을 위해 적용한 사례는 2000년 이후에 와서야 보고되었다.

그럼 누가 언제부터 식물에 클로렐라를 뿌리기 시작했을까? 정확한 시기는 모르지만 농민들이 입소문을 듣고 농작물에 뿌린 결과 나타난 다양한 효능이 10여 년 전부터 보고되기 시작했다. 특히 전라도 지역에서 대대적으로 클로렐라를 키웠는데, 문제는 농민들이 특별한 기술 없이 키우다 보니 클로렐라의 효능이 일관성 있게 나타나지 않는다는 점이었다. 앞서 소개한 농민은 클로렐라 비료가 어떻게 해서 식물을 잘 키우는지도 궁금했지만, 가끔씩 그 효능이 사라지는 원인을 알고 싶어서 직접 농촌진흥청을 찾아오신 것이었다. 농촌진흥청에서는 국립원예특작과학원에 이 과제를 배당하고 연구를 시작했다. 이 연구가 특별했던 이유는 농민들에게 기술을 보급하는 농촌진흥청에 농민들이 먼저 나서서 연구주제를 제안했기 때문이다.

클로렐라는 적당한 온도(섭씨 영상 20~30도)의, 적당한 먹이가 있는 민물에서 적당한 햇빛을 받아야 자랄 수 있다. '적당한'이라고 표현했지만, 과학에서 이 '적당한' 정도를 규정하려면 많은 시간과 노력을 쏟아부어야 한다. 다양한 온도, 영양분, 빛의 조건 각각에서 클로렐라를 키우고 결과를 종합해 세 가지 요소의 완벽한 조합을 만들어내기란 엄청나게 힘든 작업이다. 설사 이 조건을 찾아낸다 하더라도 이 조건을 잘 유지하는 것과 잘 유지되고 있음을 확인하는 것은 또 다른 문제다. 특히 빛의 강도를 일정하게 유지하는 것이 어렵다. 클로렐라는 광합성을 하기 때문에 빛의 강도를 유지하는 것이 무척 중요하다. 광합성은 햇빛 중에서 특별한 광선(주로 붉은색 계통)을 필요로 하기 때문에 이 광선이 나오는 형광등을 지속적으로 비춰줘야 한다. 또 클로렐라가 물속에서 둥둥 떠다니게 잘 섞어줘야 한다. 서로의 그림자로 광합성이 방해받지 않게 하기 위해서다.

클로렐라 연구과제를 배당받은 농촌진흥청의 연구팀은 농가에서 실제로 클로렐라를 어떻게 키우는지 확인하기 위해 농가를 방문했는데, 거의 모든 농가의 환경이 클로렐라가 잘 자라기에 적합하지 않았다. 클로렐라가 잘 자라기 위해 필요한 '적당한' 영양분과 빛이 관리되지 않고 있었고, 클로렐라들이 골고루 섞여 있지도 않았다. 이런 환경에서 클로렐라가 잘 자라기는 힘들다. 그래서 연구팀은 연구의 방향을 누구나 클로렐라를 손쉽게 키울 수 있도록 하는 데 집중하기로 했고, 지금은 전국 각 시군 단위의 농업기술원에서 최적화된 조건에서 클로렐라를 키워 농민들에게 배포하고 있다.

## 클로렐라는 식물에 무슨 일을 하는 걸까?

클로렐라를 식물에 처리하면 어떤 좋은 점이 있을까? 가장 눈에 띄는 것은 식물을 수확한 후 저장기간이 연장된다는 점이다. 딸기의 수확 전후에 클로렐라를 뿌려주면 딸기의 저장기간이 일주일 정도 연장된다. 딸기는 물론이고 부추나 배, 사과도 저장기간이 연장되었다. 나는 2016년부터 농업기술센터에서 주최한 성과 발표회에 여러 번 참석했는데, 정말 다양한 농작물에 클로렐라를 처리할 수 있고, 효과는 그보다 더 다양하다는 사실을 알게 되었다. 클로렐라는 적용범위가 생각보다 넓었다. 클로렐라를 잎에 뿌려주거나 뿌리에 물 주듯이 부어주면 마치 비료를 준 것 같이 식물이 잘 자라고 병원균의 침입에도 잘 견뎠다. 전형적인 기능성 비료처럼 식물을 튼튼하게 하고 면역력을 높이는 양상들을 볼 수 있었다. 여러 해 동안 성과회를 거듭하면서 농민들과 농촌진흥청은 보다 근본적인 질문을 하게 되었다.

"도대체 클로렐라가 식물에 어떤 일을 하기에 식물이 잘 자라고 스트레스에 강해질까?"

이 질문에 답하기 위해 2015년부터 우리 실험실에서 실험들을 진행했다.

이 연구를 위해 제일 먼저 고민한 것은 어떤 식물을 가지고 실험할 것인가였다. 우리에게 익숙한 고추나 배추, 딸기 같은 농작물로 실험하면 가장 좋겠지만, 과학적으로 이 식물 속에서 일어나는 일을 연구하기에는 기초연구가 미흡하기 때문에 단시간에 과학적 답을 찾기에는 어려운 점이 많다. 그래서 과학자들은 지금까지 연구가 많이 되어 있어 쉽게 연구할 수 있는 모델 식물을 이용한다. 식물학자들이 가장 많이 사용하는 모델 식물이 애기장대*Arabidopsis thaliana*인데, 애기장대는 미생물 연구분야에서 대장균처럼 많은 장점이 있다.

우선 생육기간이 짧다. 벼나 토마토로 실험할 때 다음 세대의 종자를 얻으려면 적어도 5~6개월은 키워야 한다. 한두 달이면 씨앗을 심어 다시 씨앗을 맺을 수 있는 애기장대와 비교하면 너무 길다. 또 애기장대는 유전자 각각의 기능이 잘 연구되어 있다. 세계 각국의 식물학자들이 애기장대 유전자 하나하나의 특징을 잘 연구해놓은 덕분에 유전자 이름만 알면 어떤 유전자인지 그 기능이 무엇인지를 쉽게 파악할 수 있다. 그리고 무엇보다 원하

애기장대(위키피디아)

는 대부분의 유전자가 돌연변이되어 있는 식물체를 구할 수 있다. 미국 소크연구소Salk Institute의 웹사이트에 들어가 필요한 정보를 입력하면 몇 주 안에 돌연변이 씨앗이 배달된다. 생물학 연구에서 돌연변이 유전자는 정말로 중요하다. 현재 생물학은 유전자나 단백질의 기능을 연구하는 데 집중하고 있다. 그러면 어떻게 그 기능을 밝혀내는 걸까? 간단하다. 그 유전자를 생명체에서 돌연변이시킨 후 그 생명체가 어떤 반응을 보이는지를 관찰하면 된다. 만약 어떤 유전자를 돌연변이시켜보니 식물에 꽃이 피지 않았다면, 돌연변이된 그 유전자는 원래 꽃피는 데 관련된 유전자일 거라고 예상할 수 있다. 유전자 한두 개만 바뀌어도 식물이 필요로 하는 단백질이 만들어지지 않기 때문에 제대로 된 기능을 할 수 없다. 애기장대는 유전자가 모두 자세히 규명되어 있기 때문에 클로렐라가 작물에 어떤 작용을 하는지 알아내는 데 알맞은 식물이다.

우리는 클로렐라를 애기장대 잎에 뿌리거나 뿌리에 부어주었을 때 어떻게 좋아지는지 알아보기 위해 애기장대의 RNA를 모두 분석하는 RNA-시퀀싱RNA-sequencing 기술을 이용해 식물 반응의 전체 그림을 그렸다. 지구상의 생명체라면 모두 DNA를 가지고 있다(물론 RNA만을 가지고 있는 감기 바이러스나 대부분의 식물 바이러스 같은 예외도 있긴 하다). 생명체는 이 DNA를 이용해 신진대사에 필요한 단백질을 만든다. 그런데 DNA에서 단백질을 만드는 데 꼭 있어야 할 것이 RNA다. 어떤 생명체가 만들어내는 단백질을 알면 그 생명체에 일어나는 일을 파악할 수 있다. 그렇지만 전체 단백질을 분석하는 것은 어렵기 때문에 이보다 훨씬 수월하면서 단백질을 만드는 데 필수인 RNA를 분석해 애기장대가 만들어내는 전체 단백질을 파악하는 것이다. 말은 이렇게 해도 RNA 분석기술이 편리하기만 한 것은 아니다. 실제로 해보면 오히려 정보가 너무 많아서 생물학자들이 감당하지 못하는 경우가 허다하다. 광대한 정보의 바다에서 헤매지 않으려고 컴퓨터 분야 전문가와 소통해가면서 노이즈와 진짜 중요한 정보를 분리해내는데, 그래도 상당히 시간이 걸리는 작업이다. 개인적으로 요즘 컴퓨터 공부를 열심히 하지 않은 것을 많이 후회하고 있다. 앞으로 젊은 세대는 무한한 정보의 바다에서 허우적거리기 보다는 멋지게 서핑할 수 있는 기술을 익히기 바란다.

## 식물을 들뜨게 만드는 클로렐라

우리는 초기 실험에서 '클로렐라를 식물 잎에 뿌려주고 일주일 후에 병을 접종하면 병에 잘 걸리지 않는다'는 결과를 가지고 있었고, 많은 논문을 찾아 읽으며 이 결과를 모두 만족할 만한 새로운 가설을 세우기 시작했다. 연구를 하던 중 클로렐라를 뿌려준 애기장대에서는 RNA의 변화가 거의 없었지만, 거기에 병원균이 침입했을 때에는 클로렐라를 뿌려준 애기장대에서 RNA가 급격히 변화한다는 사실을 확인했다. 그래서 '식물에 클로렐라를 처리하면 식물은 직접적으로 면역 유전자를 발현하지는 않지만, 들뜬상태를 유지하고 있다가 병원균이 침입하면 훨씬 빠르고 강하게 면역 유전자를 발현한다'라는 가설을 세우게 되었다.

앞에서 식물병리학자들은 이 현상을 저항성 프라이밍이라고 부른다고 했다. 덧붙이자면 식물 연구에서 프라이밍이라는 용어를 가장 먼저 사용한 사람은 독일 아헨공과대학의 우베 콘라드Uwe Conrath 박사다. 콘라드 박사는 상추의 세포를 연구하던 중 식물이 이전에 미리 처리된 물질이나 생물을 기억하는 듯한 현상을 발견하고 이 현상에 기폭제를 뜻하는 프라이밍이라는 이름을 붙였다. 식물은 어떤 물질이나 스트레스 원인 요소를 만났을 때 초기에는 반응을 잘 하지 않지만, 이후 병원균이나 극심한 온도변화나 가뭄 등 더 큰 스트레스 상황이 닥치면 유전자가 변하거나 생리적인 변화가 일어난다. 움직이지 못하는 식물체가 환경에 적응하기 위해 개발한 능력이다.

그렇다면 애기장대에서 일어난 이 현상이 저항성 프라이밍과 관련 있다는 것을 어떻게 증명할 수 있을까? 우리는 실험방법을 바꾸기로 했다. 클로렐라를 미리 처리해둔 식물의 잎에 병원균이 침입하면 빠르고 강력하게 면역반응을 일으키는 유전자가 있는지 찾는 것이 목적이므로 클로렐라를 처리하자마자 곧바로 RNA-시퀀싱 작업을 할 게 아니라 클로렐라를 처리한 지 일주일 후 병원성 슈도모나스 시링가에(앞에서 자주 등장한 유익균이 아니라 병을 일으키는 슈도모나스다. 슈도모나스에도 다양한 종이 있는데, 병원균도 있고 좋은 균도 있다)를 잎에 접종한 후 RNA-시퀀싱 작업을 했다. 병원균을 접종하고 6시간이 지나 식물의 RNA가 변화하는지 관찰하기 시작했다. 보통 병징은 5~7일 후에 나타나기 시작하니 아주 빠른 시기에 관찰을 시작한 것이다. 실험결과는 어땠을까?

역시 예상했던 대로 아주 많은 유전자들이 빨리 발현됐는데, 특히 식물 면역에 중요한 호르몬인 살리실산을 생산하는 유전자와 신호전달에 관련된 유전자가 빠른 속도로 발현되기 시작했다. 이로써 가설대로 클로렐라는 식물의 면역을 직접 증가시키는 것이 아니라 식물로 하여금 자신의 몸 안에 병원균이 들어왔을 때만 반응하도록 식물을 들뜬(프라이밍)상태로 만든다는 것이 확인되었다. 그런데 한 가지 아쉬운 점은 현재로서는 이 들뜬상태를 농민들이 직접 확인할 기술은 없다는 것이다. 이 역시 중요한 숙제다.

# 노화를 늦추는 클로렐라

앞서 클로렐라를 농작물에 처리했을 때 가장 확연한 변화 중 하나가 저장기간이 늘어나는 점이라고 이야기했다. 일반적으로 1~2주 정도 더 오래 저장할 수 있다고 한다. 우리가 얻은 프라이밍 변화의 결과로 미루어 볼 때 이 현상을 다음과 같이 설명할 수 있다.

열매의 노화는 주로 에틸렌이라는 식물 호르몬에 의해 조절된다. 식물이나 열매가 늙으면 에틸렌이 식물 체내에 많이 축적되기도 하고 가스 형태로 날아가기도 한다. 이 에틸렌 때문에 조직이 약해지면 표면에 묻어 있거나 공기 중에 많이 날아다니던 페니실륨*Penicillius* spp. 같은 곰팡이가 열매 표면에 붙어 연해진 조직에 실처럼 생긴 곰팡이 균사로 자라나고, 식물로부터 영양분을 흡수하기 시작한다. 노란 감귤을 오래 두면 하얀 곰팡이가 피어오르고 좀더 두면 푸른곰팡이가 피는 것을 흔히 볼 수 있다. 이 푸른곰팡이는 최초의 항생제인 페니실린을 발견한 알렉산더 플레밍Alexander Fleming에게 노벨상을 안겨주었다. 하지만 저장식물에 좋지 않은 영향을 주는 대표적인 곰팡이이기도 하다. 그런데 최근 흥미로운 연구결과가 알려졌다. 식물의 면역 관련 호르몬인 살리실산이 늘어나면 에틸렌의 생산량을 급격하게 줄인다는 연구결과다. 따라서 이렇게 생각해볼 수 있다. 클로렐라를 식물이나 감귤 같은 과육에 뿌려주면 식물 체내에 살리실산이 많이 쌓인다. 이렇게 쌓인 살리실산이 에틸렌 생산을 방해함으로써 식물이나 과육의 젊음이 좀더 유지되는 것이다. 딱 맞아떨어지는 너무나 깔끔한 설명 아닌가?

실험이 거의 마무리되고 있었지만, 우리는 답변해야 할 질문 한 가지를 여전히 안고 있었다. '클로렐라가 식물에 이렇게 다양한 일을 하는데, 클로렐라 속의 어떤 성분이 이런 일을 하는가?'라는 질문이었다. 참고로 우리가 실험한 클로렐라는 살리실산을 거의 생산하지 못했다.

## 클로렐라의 비밀을 찾아라

분명 클로렐라를 키워서 식물에 뿌리면 식물이 잘 자라고 병에 걸리지 않는다. 이제 클로렐라가 식물에 무엇을 주기에 식물이 건강하게 자랄 수 있는지 밝힐 차례다. 미세조류가 그렇듯이 클로렐라는 물속에서 자라기 때문에 식물에게 영향을 주는 주인공을 몇 가지로 나누어 생각해볼 수 있다. 주인공이 꼭꼭 숨어 있어 짧은 시간 안에 정확하게 찾기란 모래밭에서 바늘 찾기처럼 어렵지만, 기술의 발달로 여러 물질이 섞여 있는 액체에서 원인 물질을 하나씩 찾아내는 것은 훨씬 쉬워졌다.

우선은 클로렐라가 밖으로 분비하는 물질인지, 클로렐라 속에 있는 물질인지, 아니면 클로렐라의 세포벽을 구성하는 물질인지 살펴봐야 한다. 먼저 원인 물질이 클로렐라가 생산해 밖으로 분비하는 거라고 가정했다면, 잘 키운 클로렐라 배양액을 원심분리하여 클로렐라와 배양액을 분리한 다음 클로렐라가 없는 배양액을 물에 녹아 있는 수용성 물질과 기름에 녹아 있는 지용성 물질로 나누어 농축분리한다. 결국 단일한 물질로 분해해야 하기 때문에 물질의 성질별로 나누기 시작하는데 제일 먼저 물에 녹는 것과 녹지 않는 것으로 분리한다. 다음으로 농축분리된 물질을 화학물질의 크기(분자량)별로 나누어 다시 분리한 다음 식물에 뿌려서 식물이 잘 자라는 물질을 찾아내면 된다.

여기까지는 우리가 찾는 주인공이 클로렐라가 분비하는 물질 중에 있을 때 해당되는 이야기다. 예상과 달리 클로렐라를 감싸고 있는 세포벽이나 세포막이 그 주인공일 수도 있고, 세포 속에 있는 물질이 주인공일 수도 있다. 다행히 우리는 클로렐라가 밖으로 분비하는 물질인 여액에서 식물의 면역 증진 물질을 발견할 수 있었다. 흥미롭게도 이 여액을 섭씨 100도로 끓여도 그 효과가 그대로 유지되었다. 아직 정확하게 어떤 물질인지는 알아내지 못해 답답하지만 식물의 면역이 증가하고 식물을 잘 자라게 한 물질이 어디에서 비롯됐는지는 알아낼 수 있었다. 이 물질은 크기가 작아서 식물에 뿌려주면 잎에서 흡수되는 듯하다. 흡수된 물질은 식물이 가지고 있는 화학물 수용체에 의해 인식된다. 이 수용체는 세포막에 걸쳐 있는데, 세포벽을 통해서 들어온 이 물질이 수용체에 붙으면 이 수용체가 활성화되고 세포질 속에 걸쳐 있던 부분에서 신호물질이 세포질 속에 있는 단백질들도 덩달아 활성화시켜 결국 식물 면역 관련 DNA를 발현시킨다.

앞서 설명했듯 이 면역 활성화 과정에서 살리실산이 많아진다. 이것 외에도 혹시 또 다른 병원균이 공격할 수도 있으므로 이에 대비하기 위해 프라이밍을 진행한다. 우리가 보기에 단순한 현상도 분자 수준으로 들어가면 이런 물리법칙으로 설명된다는 것이 신기할 따름이다.

## 고추밭의 클로렐라

이렇게 해서 2년에 걸쳐 진행된 식물의 면역력을 높이는 클로렐라 연구는 마무리돼가고 있었다. 실제 농작물이 아니라 모델 식물인 애기장대로 얻은 결과가 아쉽긴 했지만, 실험결과에 의심은 없었다. 우리는 이제 더 이상 클로렐라 실험은 없을 거라고 생각했다. 실험을 담당했던 학생은 짧은 기간에 많은 실험을 책임져야 했기 때문에 많이 지쳐 있었다. 그런데 세상일은 예상치 못한 방향으로 흘러가는 경우가 많다. 과제가 마무리될 때쯤 우리의 실험결과에 관심을 가진 카이스트의 차세대 바이오매스 글로벌 프런티어 사업단이 세미나를 요청했다.

이 사업단은 식물과 클로렐라 같은 미세조류에서 바이오에너지 원료를 추출하여 바이오디젤이나 바이오에탄올을 생산하는 과제를 수행하고 있었다. 이 사업단이 바이오디젤을 생산하는 생명체로 이용한 것이 바로 클로렐라다. 이전에는 육지에서 자라는 농작물을 사용했지만 우리가 먹을 수 있는 식물을 사용하다 보니 이런 식물들의 국제 거래가가 천정부지로 치솟았다. 그래서 식용이 아니며 물속에서 자라면서 대량배양이 가능한 조류에 관심을 가지게 되었다. 사업단은 클로렐라를 수 톤씩 배양해 다 자란 클로렐라로부터 세포를 분리한 다음 이 세포로부터 바이오디젤을 얻는다. 그런데 골치 아픈 문제가 있었다. 클로렐라를 대량으로 배양한 후 남은 액체(클로렐라 여액)를 정화하고 버리는 데 많은 비용을 들여야 한다는 것이었다. 우리의 연구결과가 맞다면 이 여액이야말로 '클로렐라 파워'의 근원인데 말이다. 이 여액을 버리지 말고 농사에 이용한다면 농민들에게 좋고, 사업단도 추가로 처리할 비용과 시간을 아낄 수 있으니 일석이조가 아니겠는가.

우리는 사업단에서 이용하고 있는 다양한 미세조류 여액을 얻어서 농작물인 고추와 오이로 실험해보기로 했다. 모델 식물인 애기장대가 아니라 일반 농작물에도 실험결과가 적용되는지 확인할 기회였다. 우리는 충남 금산과 논산에 있는 고추밭에서 2년 동안 실험을 진행했다. 어린 고추의 뿌리에 클로렐라 여액을 여러 번 뿌린 후 무슨 일이 생길지 몰라 조마조마한 마음으로 몇 달을 보냈다. 2017년과 2018년의 뜨거운 여름이 지나고 가을이 왔다. 클로렐라를 처리한 구역에서 붉은 고추의 생산량이 눈에 띄게 늘어났다. 실험실에서 발견된 현상이 현실에서도 관찰되기란 쉽지 않기 때문에 우리는 뛸 듯이 기뻤다. 실험은 대성공이었다.

광합성 효율이 높은 생명체로서 식물의 기원이라고 여겨지는 클로렐라, 사람에게 완벽한 식품으로 우주정거장의 우주인들이 먹는 것으로도 유명한 클로렐라. 우리는 이런 클로렐라를 식물에 처리하면 식물의 면역력을 키워 수확량을 증가시키고 수확 후에는 보관기간도 늘릴 수 있음을 세계 최초로 보고했다. 하지만 여전히 많은 질문들이 남아 있다. 클로렐라 여액에 있는 어떤 물질이 식물 면역을 높이는 걸까? 이 물질만 따로 뽑아내 처리해도 똑같은 효과를 얻을 수 있을까? 혹시 반대로 클로렐라로부터 나쁜 영향을 받는 식물은 없을까? 또 클로렐라가 미생물에 의한 면역 증진뿐 아니라 곤충에 대한 면역도 높여줄까? 아직 탐색하지 못한 영역에 대한 걱정과 궁금증이 많다. 하지만 지금까지 문제를 잘 해결해왔듯이 앞으로도 잘 해낼 수 있을 것이다. 문제는 걱정의 대상이 아니라 해결할 대상이니 말이다. 또 이렇게 문제와 맞닥뜨렸을 때 조금씩 해결해나가는 것도 과학 하는 재미가 아닐까? 문제는 절대 문제가 될 수 없다.

# 11

# 꽃의 색을 바꿔드립니다:
# 착한 바이러스 이야기

바이러스 하면 많은 사람들이 감기나 에볼라, 메르스 등의 질병을 떠올린다. 우리 머릿속에 바이러스는 나쁜 병원균이라는 생각이 깊이 뿌리박혀 있는 것 같다. 이번에는 이런 편견을 지울 수 있는 '착한 바이러스'와 식물의 공생을 소개하려 한다. 먼저 세균과 바이러스는 다르다는 점을 짚고 넘어가야겠다. 세균은 영양분을 주면 스스로, 심지어 기하급수적으로 자라서 유산균이 든 요구르트처럼 하루이틀 만에 한 스푼의 세균으로 100명이 먹을 수 있는 음료를 만들 수 있다. 하지만 바이러스는 혼자서는 아무것도 할 수 없다. 100퍼센트 기주에 의존한다. 바이러스는 기주(세균도 될 수 있고, 동물이나 식물이 될 수도 있다)의 DNA 속으로 끼어들어가서 기주의 모든 것을 자기 것처럼 이용하며 살아가는 완전한 기생 생명체다. 이 과정에서 기주인 식물의 잎이나 줄기가 기형으로 자라는 등 이상한 반응이 일어나도록 만드는데,

이를 병징이라고 한다. 이 바이러스가 에이즈 바이러스라면 면역력이 사라지고, 독감 바이러스라면 두통과 근육통이 생긴다. 기주가 식물인 경우에는 엽록체 속에 들어가 광합성을 못하게 해서 식물이 잘 자라지 못하게 하거나 식물의 분열조직(정단* 분열조직)에 침입하여 이상한 잎이나 꽃을 피우게 하는 등 식물을 못살게 군다. 더군다나 바이러스는 기주가 없어도 아주 오랫동안 휴면할 수 있기 때문에 과학자들 사이에서도 바이러스를 생물로 봐야 할지 무생물로 봐야 할지 논쟁이 끊이지 않는다. 바이러스를 좀더 정확하게 표현하자면 '생물과 무생물 사이 어디쯤에 존재하는 생명체'인 것이다.

## 나쁘지 않은 바이러스가 있을까?

내가 착한 바이러스에 대한 이야기를 처음 들은 것은 2002년 박사과정을 마치고 미국 오클라호마 주에 있는 민간 식물연구소인 노블연구소(내가 있을 당시에는 사무엘 노블 재단 연구소였다)에서 박사후 연구원 생활을 막 시작할 때였다. 연구소 내부 세미나에서 메릴린 루식Marilyn J. Roossinck 박사님이 바이러스의 진화에 대한 연구결과를 발표했다. 루식 박사님이 코스타리카와 브라질 등의 열대우림에서 식물을 채취해 조사해보니 식물 속에서 그 식물의 것만이 아니라 다양한 종류의 DNA와 RNA를 찾을 수 있었다. 박사님은 이것을 식물과 공생하는 바이러스의 것이라고 추정했다. 이런 바이러스는 식물에 병을 일으키지 않고 함께 잘살아가기 때문에 분명 공생 바이러스일 거

---

* 줄기가 위로 자라기 위해 세포가 분열을 계속하는 부분으로 쌍떡잎식물은 보통 식물의 가장 위쪽에 있고, 외떡잎식물은 뿌리 가까이에 있다.

라고 규정하면서 구체적으로 이 바이러스들이 어떻게 식물에 좋은 영향을 미치는지 연구하는 중이라고 말했다.

루식 박사님의 말대로 식물에서 다양한 DNA나 RNA를 발견할 수는 있다. 하지만 그것이 바이러스의 것이라는 증거는 없지 않은가? 발표 후 나는 반론을 제기했다. "박사님이 생각하는 바이러스의 정의는 무엇입니까?" "식물에서 발견한 DNA나 RNA가 바이러스의 것이라는 주장과 그 정의가 부합합니까?" 이런 질문을 한 이유는 단순한 DNA나 RNA의 조각을 모두 바이러스의 것이라고 하면 세상은 온통 바이러스로 채워졌다고도 할 수 있기 때문이다. 바이러스는 생물과 무생물의 중간에 있는 존재다. 오직 기주에 의존해 자가복제를 하기 때문에 독립적인 생명체라고 볼 수 없다. 그래도 자가복제를 할 수는 있기에 무생물이라고 보기도 곤란하다. 루식 박사님이 발견한 DNA나 RNA 조각이 자가복제할 수 있다는 것을 증명하지 않는다면 바이러스가 아니라고 주장하는 나에게 박사님은 오랜 시간을 들여 대답해주었다.

지금도 박사님의 말에 100퍼센트 동의하지는 않지만, 당시 관련 논문을 통해 기주에게 해를 끼치지 않는 착한 바이러스도 존재한다는 새로운 사실을 알게 되었다. 그럼에도 바이러스는 나쁜 병원균이라는 고정관념에서 벗어나는 데 10년이 넘는 세월이 걸렸다.

## 장을 가득 채운 식물 바이러스

우선 바이러스가 무엇인지부터 알아야겠다. 제일 먼저 이야기할 특이한 점은 크기가 정말 작다는 것이다. 앞에서 미생물에 대해 설명한 내용을 기억하시는지? 미생물에는 크게 세균(박테리아), 곰팡이, 바이러스가 있으며 크기가 큰 순서로 나열하면 곰팡이, 세균, 바이러스 순이다. 최근 세균보다 큰 거인 바이러스<sup>giant virus</sup>를 발견했다는 소식이 발표되기는 했지만, 일반적으로 바이러스는 세균의 10분의 1에서 100분의 1 정도로 작다. 세균이 축구장이라면 바이러스는 축구 골대보다 약간 큰 정도다. 그래서 바이러스는 세균을 감염시킬 수도 있다. 바이러스는 DNA나 RNA로 되어 있고, 대부분이 유전물질을 보호하기 위해 보호막<sup>capsid</sup>을 가지고 있다. 이 보호막이 없는 바이러스를 바이로이드<sup>viroid</sup>라고 한다.

바이러스의 가장 큰 특징은 가지고 있는 유전물질이 너무 적어 자가증식을 할 수 없다는 점이다. 온전하게 살아가려면 다른 생명체(기주)가 꼭 필요

담배나 가짓과 식물이 쉽게 감염되는 담배 모자이크 바이러스*Tobacco mosaic virus*

하다. 그래서 바이러스는 대부분 기주 속에서 발견된다. 식물뿐 아니라 세균, 곰팡이, 클로렐라 같은 미세조류, 곤충, 선충은 물론 동물과 사람까지 감염시키며 살아간다. 그렇다면 우리 몸에도 바이러스가 살고 있을 것이다. 어떤 바이러스일까?

인간의 장 속에 사는 미생물의 역할이 중요하다는 연구결과들이 많이 보고되자 2006년 한 연구팀이 장내 바이러스를 분리해 조사를 시작했다. 연구팀이 미국 캘리포니아 주에 살고 있는 다섯 명의 장에서 바이러스를 추출해 조사했더니(사실 변으로 조사한 거다) 신기하게도 장을 가득 채우고 있는 바이러스의 80퍼센트 이상이 식물에서 주로 발견되는 식물 바이러스였다. 그것도 파괴되거나 죽은 상태가 아닌 온전한 형태여서 이 바이러스를 분리해 식물에 감염시키니 병이 나는 것을 관찰할 수 있었다.

왜 인간의 장은 식물 바이러스를 온전한 형태로 유지할까? 혹시 병을 일으키기라도 하면 큰 문제가 생기는데 말이다. 뒤이은 연구를 통해 과학자들은 식물 바이러스가 장내에서 인간의 선천면역을 활성화한다는 결론을 내렸다. 면역이라면 다 유익할 것 같지만 후천면역을 활성화하면 문제가 생길 수 있다. 식물 바이러스에 대해 항체가 만들어지면 우리 몸은 쓸데없이 에너지를 너무 많이 사용하여 힘들어질 테니 말이다. 얼마나 다행인가! 한약을 먹으면 몸이 좋아지는 것은 자체의 약리성분 때문이기도 하지만 선천면역을 높이기 때문이기도 하다. 채소를 많이 먹으면 건강해지는 이유 가운데 하나도 섬유질과 비타민과 더불어 그 속에 바이러스가 있기 때문일지도 모른다.

# 꽃의 색을 바꾸는 바이러스

다시 착한 바이러스 이야기로 돌아오자. 식물에 감염을 시켰는데 식물에 병이 나지 않을 뿐 아니라 인간 입장에서 볼 때 오히려 쓸모가 많아졌다면 식물에게도 사람에게도 나쁜 바이러스는 아닐 것이다. 이제부터 식물이 바이러스에 감염됐는데도 병에 걸려 가치가 떨어진 게 아니라 오히려 가치가 높아진 이상한 사건을 소개하겠다.

꽤 많은 사람이 알고 있지만 과학적 배경은 잘 모르는 이야기를 하려고 한다. 17세기 네덜란드가 그 배경이다. 1637년 네덜란드에서 튤립을 키우던 화훼업자들은 한 송이에서 여러 색이 나오는 특별한 튤립종을 발견하고 이 꽃을 아주 비싼 가격에 팔기 시작했다. 튤립은 단색 꽃을 피운다고 알려져 있던 당시에 여러 색의 꽃을 피우는 튤립은 귀한 보물로 여겨졌다. 기록에 따르면 이 튤립의 가격은 당시 집 한 채와 맞먹을 정도였고, 국가 간 무역에도 중요한 상품으로 자리 잡았다. 이렇게 신기한 꽃이 핀 이유는 튤립이 튤립 줄무늬 바이러스<sup>Tulip breaking virus</sup>에 감염되었기 때문이다. 생물학적으로 표현하면, 이 튤립은 튤립 줄무늬 바이러스에 감염된 표현형이다. 하지만 그 튤립이 바이러스에 감염된 표현형이라는 사실을 도로시 케이레이<sup>Dorothy Cayley</sup>라는 인물이 증명한 것은 300년이 더 지난 1928년이 돼서였다.

미생물학에 대한 지식이 전혀 없었던 당시 네덜란드 농민들은 아름다운 이 꽃을 대량으로 생산하기 위해 많은 노력을 기울였다. 튤립의 색이 바뀌는 현상은 1576년 레이던대학의 카롤러스 클루시우스<sup>Carolus Clusius</sup>가 최초로 발견했고, 이 현상을 상세히 기록했다. 농민들은 이 꽃을 재현하기 위해 토양을 바꾸거나 열과 가뭄 등 환경 스트레스를 가하고 재배 시기를 바꿔보는

17세기 네덜란드에서 가장 비쌌던 튤립은 셈페르 아우구스트(영원한 황제)였다. 흰색과 짙은 홍색의 이 튤립은 알뿌리 한 개 값이 당시 고급주택 한 채 값과 맞먹었다고 한다.(위키피디아)

등 여러 노력을 기울였다. 하지만 줄무늬 꽃은 피어나지 않았다. 그러다 마침내 발견한 것이 양파같이 생긴 튤립의 구근에 접붙이는 방법이었다. 줄무늬 꽃을 얻으려면 이 방법이 유일했다. 그러니 이 구근 하나가 얼마나 귀중했을지 상상이 간다. 그때는 이 구근 하나만 가지고 있어도 큰 부자가 될 수 있었다.

시간이 흐르면서 튤립 줄무늬 바이러스 외에 다른 바이러스도 튤립의 색을 바꾼다는 사실이 알려졌고, 네덜란드에 있는 대부분의 튤립 농가들이 이 바이러스들에 감염된 꽃을 팔았다. 그러자 이번에는 꽃의 희소성이 떨어져 더 이상 비싼 가격으로 팔리지 않게 되었다. 그러면서 다시 단색 튤립의 수요가 늘어났고, 반대로 이 바이러스들이 없는 구근을 찾기가 힘들어졌다. 이제 튤립에서 바이러스를 제거하는 데 많은 노력을 쏟아야 할 때가 된 것이다.

## 식물을 도와주려는 바이러스의 다단계 전략

튤립 줄무늬 바이러스처럼 기주의 꽃색을 바꾸어 형태에 영향을 미치는 병원성 바이러스도 있지만 보다 적극적으로 공생하며 식물에 좋은 영향을 미치는 착한 바이러스도 있다. 바나나 줄무늬 바이러스*Banana streak virus*가 좋은 예다. 이 바이러스는 전체 유전자 모두가 바나나의 DNA 속에 들어가 있어 그야말로 공생을 완성했다. 비슷한 사례는 또 있다. 토마토의 유전자지도를 밝혀보니 여러 바이러스 유전자가 있었는데 대표적인 것이 파라레트로바이러스*Pararetrovirus*다. 이 바이러스들은 식물체에 언제 들어갔고 지금까지

195

무슨 일을 했을까?

식물체의 DNA 속에서 언제 들어갔는지 알 수 없는 외부의 DNA가 확인되는 경우가 있다. 이 외부 DNA의 주인이 식물에 치명적인 병을 일으키거나 해로운 영향을 미쳤다면 기주인 식물체는 지금까지 지구상에 남아 있지 못했을 것이다. 기주가 사라지면 이 바이러스도 멸종한다. 그렇다면 이렇게 식물의 DNA 속에 잠자고 있는 바이러스는 과거 어느 때인가 식물이 생존하는 데 유익한 영향을 미쳤다고 예상할 수 있다. 바나나 줄무늬 바이러스와 파라레트로바이러스도 기주 식물의 건강과 수명에 나쁜 영향을 끼치지 않으며 오히려 식물이 외부 환경에 잘 견디게 해준다고 알려져 있다.

이제 소개할 내용은 지금까지 이야기한 것보다 느슨하지만 약간 복잡한 관계다. 2007년 루식 박사님은 새로운 형태의 바이러스와 식물의 공생을 밝혀냈다. 미국의 옐로스톤 국립공원은 지금도 화산 활동의 영향으로 온천이 많기로 유명하다. 특히 특이한 물질이 많이 축적되어 있어 독특한 생명체가 조화를 이루며 살아가는 곳으로 명성이 높다. 루식 박사님은 미국 오크리지 국립연구소와 함께 이 공원의 생태를 조사하던 중 재미있는 현상을 관찰했다. 옐로스톤의 연못 주위는 겨울에도 온도가 따뜻해 식물이 자란다. 재미있는 건 그곳 땅의 온도가 섭씨 50도 이상이라는 점이다. 보통 50도의 땅에서는 식물이 자라지 못한다. 아무리 더운 여름이라도 비열 때문에 땅속은 온도가 빨리 올라가지 않는다. 루식 박사님은 고온의 연못가에서 자라는 식물들을 보고는 어떻게 이들이 고온에서도 잘 자랄 수 있는지 연구를 시작했고, 고온에서 자란 식물들이 특이한 곰팡이를 갖고 있다는 사실을 밝혀냈다. 루식 박사 연구팀이 이 곰팡이가 없는 식물에 곰팡이를 접종하여 감염시키고는 50도에서 살 수 있는지 실험했더니 예상대로 고온에서도 잘 자랐다. 결론

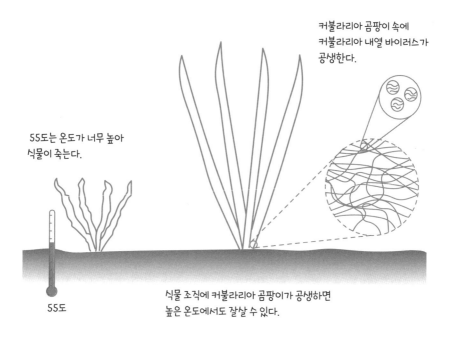

커불라리아 곰팡이 속에
커불라리아 내열 바이러스가
공생한다.

55도는 온도가 너무 높아
식물이 죽는다.

55도

식물 조직에 커불라리아 곰팡이가 공생하면
높은 온도에서도 잘살 수 있다.

바이러스와 곰팡이가 공생하여 식물이 고온에서도 살 수 있게 되었다.

적으로 곰팡이가 극심한 온도에서 식물이 잘살 수 있게 도와주었던 것이다.

뒤이어 연구팀은 곰팡이가 식물의 어떤 조직에 살고 있는지 조사를 계속했다. 그러던 중 곰팡이 속에서 이상한 점들이 발견되었다. 알고 보니 이 점들은 곰팡이 속에 살고 있는 바이러스였다. 자연계에서 발견되는 곰팡이들은 다양한 종류의 바이러스에 감염되어 있다. 바이러스가 왜 거기에 있는지, 어떤 역할을 하는지는 아직 잘 알려져 있지 않다. 식물 병원성 곰팡이의 경우 바이러스에 의해서 식물에게 좀더 심한 병을 유발하기도 하고 반대로 병이 나지 않게 만들기도 한다. 주인이 누구인지 헷갈릴 정도다. 이런 사실에 익숙한 루식 교수님은 바이러스를 가지고 있는 곰팡이로부터 바이러스를 분리해 바이러스가 없는 곰팡이를 만들었다. 곰팡이에서 바이러스를 분리해내는 과정을 레스큐rescue라고 하는데, 말 그대로 감염된 바이러스로부터 곰팡이를 구해내는 과정이라고 할 수 있다. 레스큐에 성공한 연구팀은 이번에는 바이러스를 가지고 있는 곰팡이와 가지고 있지 않은 곰팡이를 식물에 접종했다. 그랬더니 바이러스가 있는 곰팡이에 감염된 식물은 고온에서 살 수 있었지만 바이러스가 없는 곰팡이는 식물을 도와주지 못했다.

결국 바이러스-곰팡이-식물 이렇게 삼위일체가 되어야 식물이 50도라는 극한의 환경에서 살아남아 자기만의 공간을 확보할 수 있었던 것이다. 힘들지만 좁은 길을 선택해 생태계에서 승리한 사례다. 이 바이러스의 이름은 *Curvularia thermal tolerance virus* CThTV다. 억지로 번역하면 커불라리아(곰팡이 이름) 내열 바이러스다. 이 바이러스를 가지고 있는 커불라리아를 토마토에 접종하고 섭씨 65도의 토양에 키웠더니 씩씩하게 잘 자랐다. 이 바이러스가 있는 곰팡이를 가진 식물과 가지지 않은 식물은 극한의 온도 변화에서 생장에 큰 차이가 나타날 것이다.

## 병이나 곤충을 막아주는 바이러스

곰팡이 속에 들어가서 식물을 도와주는 바이러스도 있지만 곰팡이에서 나와 직접적으로 식물을 도와주는 바이러스도 많다. 또 환경 스트레스에 대한 저항성을 높여주는 바이러스도 있고, 병이나 곤충의 피해로부터 식물을 도와주는 바이러스도 많이 알려져 있다. 실제로 어떤 바이러스에 감염된 식물에서 곰팡이병이나 세균병이 감소하는 일도 흔하다. 우리가 토끼풀로 알고 있는 흰색클로버가 흰색클로버 모자이크 바이러스*White clover mosaic virus*에 감염되면 병원성 곰팡이의 침입이 줄어든다고 한다.

보다 흥미로운 현상도 발견된다. 주키니 노란 모자이크 바이러스*Zuchini yellow mosaic virus*에 감염된 야생조롱박은 딱정벌레를 유인하는 휘발성 물질을 훨씬 적게 생산한다. 이 휘발성 물질 때문에 딱정벌레들이 야생조롱박에 꼬이는데, 야생조롱박에게 이 딱정벌레는 그리 달갑지 않은 손님이다. 딱정벌레는 야생조롱박의 잎을 갉아 먹어 피해를 주기도 하지만, 더 큰 문제는 딱정벌레 장 속에 살다가 딱정벌레가 야생조롱박을 먹을 때 침과 함께 야생조롱박에 침입하는 시들음병원세균이다. 이 시들음병원세균은 야생조롱박의 물관 조직을 파괴해 말라 죽게 하는 치명적인 병원균이다. 딱정벌레는 잎을 갉아 먹는 정도로 끝나지만 시들음병원세균은 식물 전체가 죽기 때문에 야생조롱박은 이 딱정벌레가 자기에게 오는 것을 원천적으로 막아야 한다. 그래서 야생조롱박은 바이러스의 도움을 받아 딱정벌레가 자신을 인식하는 신호 자체를 막아서 스스로를 보호한다.

## 적의 적은 친구?

해충을 다가오지 못하게 하는 정도가 아니라 아예 해충에 직접 영향을 미치는 바이러스도 있다. 식물은 채식 곤충의 공격을 막을 때 특별한 휘발성 물질을 발산한다. 이 물질이 주위에 있는 곤충의 천적을 불러들여 채식 곤충을 물리치는 기작은 이미 알려져 있다. 그런데 천적이 채식 곤충을 죽일 때도 착한 바이러스의 도움을 받는다.

채식 곤충이 애벌레 상태로 식물의 잎을 갉아 먹고 있으면 채식 곤충을 먹는 육식 곤충인 기생벌이 날아와서 나비목 채식 곤충의 애벌레에 알을 주입한다. 이때 폴리디엔에이 바이러스*polydnavirus*라는 바이러스도 함께 넣는다. 예전부터 의문이었는데, 자기 몸 안에 다른 곤충의 알이 들어오는데 이 애벌레는 왜 가만히 있을까? 이 문제를 풀 단초를 제공해준 것이 바로 폴리디엔에이 바이러스다. 이 바이러스는 애벌레의 몸속에 들어가자마자 애벌레가 면역반응을 시작하기 전에 그것을 막아, 자신도 살고 함께 들어간 기생봉의 알도 살 수 있도록 한다. 기생봉이 알과 바이러스를 같이 넣는 이유는 애벌레의 몸속에서 외부 물질인 알을 죽이려 하는 다양한 공격으로부터 알을 보호하기 위해서다. 바이러스는 애벌레의 면역반응을 억제함으로써 알을 보호하는 일종의 보디가드인 셈이다. 때가 되면 마치 뻐꾸기 새끼처럼 애벌레 몸속에서 알은 부화한다. 당연히 애벌레는 죽는다. 이런 애벌레는 대부분 식물을 먹는 해충이기 때문에 인간의 관점에서도 착한 바이러스라고 할 수 있다.


## 다시 착한 바이러스를 생각한다

2015년 11월 나는 미국 뉴멕시코 주의 휴양지 산타페에서 열린 학회에서 루식 박사님을 다시 만나 많은 이야기를 나눴다. 박사님은 여전히 다양한 바이러스의 생태학을 연구하고 있었다.

이야기를 나누던 중 12년 전 의문이 떠올라 바이러스의 정의에 대해 다시 질문하려다 그만두었다. 시간이 흐르는 동안 세상이 많이 변했고, 바이러스학에도 새로운 발견들이 줄을 이었다. 물론 식물 바이러스에 대한 내 생각도 많이 변했다. 루식 박사님이 주장하는 착한 바이러스도 이제는 많은 과학자들이 인정하는 영역이 되었다. 보이지 않는다고 무시당했던 바이러스가 식물의 건강에 이렇게 많은 영향을 미친다는 점이 새롭고 신기할 따름이다.

루식 박사님은 이런 착한 바이러스를 농업에 이용하기에는 아직 많은 장벽들이 있다고 했다. 중요한 농작물인 고추나, 벼, 콩에 접종하는 방법도 더 연구해야 하고, 바이러스가 감염하는 기주범위가 좁아서 그 식물에 딱 맞는 바이러스를 고르는 것도 까다롭기 때문이다. 혹시 이 방법이 여의치 않으면 곰팡이의 도움을 받을 수도 있다고 했다. 다시 말해 곰팡이 속에 바이러스를 넣고 이 곰팡이를 접종하면 그 속에 있던 바이러스가 식물로 전달되는 것이다. 이 정도의 과학발전 속도라면 가까운 미래에는 식물의 건강을 위해 바이러스를 처방하는 날이 올 것이다. 이제 여러분도 바이러스를 나쁜 병원균으로만 인식하는 고정관념에서 벗어나시기를 바란다. 고정관념이 없어야 세상의 참모습을 볼 수 있다.

# 12

# 식물도
# 소셜 네트워킹을 한다

우리 실험실에서는 올포원 프로젝트All-for-one project라는 것을 하고 있다. 알렉상드르 뒤마의 소설《삼총사》에 등장하는 아주 유명한 말이 '올포원, 원포올'이다. 우리말로 옮기면 '모두는 하나를 위해, 하나는 모두를 위해'다. 우리 실험실의 올포원이란 하나의 주제를 가지고 여러 사람이, 특히 젊은 연구자들이 함께 치열하게 실험하고 토론해 결과를 내는 것을 뜻한다. 실험은 어려운 일이다. 실험에서 제일 중요한 것이 실험결과인데, 이것이 늘 생각한 대로 잘 나오는 게 아니기 때문에 힘이 든다. 그러니 실패에 의연해지는 연습을 계속해야 한다. 또 끊임없이 다른 사람의 논문을 읽고 의견을 듣고 교류해야 한다. 주관적인 과학은 설자리가 없다.

과학자들은 실험에서 얻은 결과를 논문 형태로 발표한다. 논문에서는 그 결과를 대부분 표나 그래프로 표현한다. 그래서 올포원 프로젝트에서는 한 사람이 하나의 실험을 하고 하나의 그림이나 표를 완성하는 것을 원칙으로 삼았다. 그것을 합쳐 하나의 논문으로 완성하는 게 목표였다. 이 프로젝트를 진행할 때 정말 중요한 것은 참여하는 연구자들이 서로 계속 대화해야 한다는 점이다. 그렇게 하지 않으면 주관성을 극복하기도 어렵고, 정해둔 목표를 향해 제대로 나아갈 수 없다. 당연히 논문도 완성할 수 없다. 그렇게 완성한 논문의 주제 중 하나가 온실가루이-식물-미생물 3자 간의 상호작용이다.

## 온실의 골칫거리

온실가루이라고 하면 어떤 곤충인지 바로 떠오르지 않을 것이다. 나도 2005년 여름 연구원 온실에서 온실가루이를 처음으로 봤다. 이런 곤충이 있다는 걸 교과서에서 배워 알고는 있었지만 그때까지 실제로 본 적은 없었다. 이름에서 알 수 있듯이 온실가루이는 따뜻한 온실을 좋아하고 언뜻 하

하얀 점처럼 보이는 것이 온실가루이다.
고춧잎의 앞면보다 뒷면에 더 많이 붙어 있다.

온실가루이

얀 가루를 뿌려놓은 것처럼 보인다. 이 하얀 가루는 잎의 앞면에도 있지만 보통 뒷면에 더 많이 붙어 있는 것이 특징이다. 크기는 고작 몇 밀리미터라서 처음 보면 먼지인가도 싶은데, 만지려고 손을 갖다 대는 순간 그 하나하나의 먼지가 하늘로 날아가 장관을 연출한다. 연구원의 온실은 유전자 조작 실험을 위한 곳이어서 내부의 공기가 밖으로 유출되지 않도록 설계되어 있다. 물론 외부의 공기도 걸러져서 들어온다. 이런 온실에 어떻게 온실가루이가 들어왔는지 모를 일이었다. 일단 발생한 온실가루이는 쉽게 없앨 수 없다. 더군다나 살충제에도 끄떡없는 살충제 저항성이다.

곤충은 먹이를 먹는 방식에 따라 크게 두 가지로 나뉜다. 가해성chewing 곤충과 흡즙성sucking 곤충이다. 대부분의 곤충은 애벌레일 때 잎을 조금씩 씹어먹는 가해성이다. 이 곤충들은 우리가 먹을 채소들을 먼저 먹기 때문에 해충으로 분류돼 살충제의 표적이 된다. 재미있게도 이 곤충들이 성충이 되면 나방으로 탈피하여 식물에 크게 문제가 되지 않는다. 더욱이 꿀을 찾아다니며 식물의 꽃가루를 운반해 수정에서 중요한 역할을 하기 때문에 이 곤충들을 완전히 없앤다는 생각도 다시 한 번 고민해봐야 한다.

반면 흡즙성 곤충들은 애벌레일 때에는 큰 문제를 일으키지 않지만 성충이 되면 식물에 해를 끼친다. 이 곤충들은 식물의 잎에 빨대 모양의 구침을 꽂고 즙액을 빨아먹는다. 모두에게 친숙한 매미가 전형적인 흡즙성 곤충이다. 한여름에 매미는 나무에 빨대를 꽂아 열심히 식사하며 친구와 구애 상대를 부르려고 시끄럽게 울어댄다. 그럼에도 매미를 해충으로 부르지는 않는다. 매미의 수가 나무의 수와 비교해 그렇게 많지 않을 뿐 아니라 나무가 워낙 커서 매미가 즙액을 빨아먹어도 큰 문제가 생기지 않는다. 무엇보다 한 세대가 너무 길어서 부모가 먹었던 나무를 자식이 다시 먹기까지는 보통 몇 년이 걸리기 때문에 괜찮다.

하지만 온실가루이는 온대 지역과 아열대 지역에서 경제적으로 엄청난 피해를 끼치는 해충이다. 가장 큰 문제는 한 세대가 너무 짧다는 것이다. 온실가루이처럼 흡즙성 곤충인 진딧물은 불과 2~3일 만에 자식을 만들 수 있다. 그것도 아주 많이 만든다. 온실가루이는 그 정도로 짧지는 않지만 그래도 한두 주 안에 한 세대를 마무리 지을 수 있기 때문에 한 번 발생하면 엄청난 숫자로 불어나 그 숫자를 줄이기가 거의 불가능하다. 또한 농약에 저항성인 온실가루이가 널리 퍼져서 농약을 물처럼 인식하는 녀석들이 많아졌다.

나는 온실에 실험하러 갔다가 고춧잎에 온실가루이들이 하얀 서리가 내린 것처럼 붙어 흡즙하는 모습을 본 적이 있다. 잎 한 개에 이렇게 많이 붙어 있으니 온실 전체로는 얼마나 많이 붙어 있단 말인가. 고춧잎 하나에 온실가루이가 몇 마리나 붙어 있는지 헤아려본 적도 있다. 많게는 200~300마리가 새하얗게 앉아 있었다. 이렇게 어마어마한 숫자로 식물을 공격하기 때문에 온실가루이가 한 번 발생하면 식물은 순간적으로 엄청난 영양분을 뺏기고 죽어간다. 매미처럼 몇 마리만 붙어 영양분을 빨아먹는다면 큰 문제가 없겠지만 이렇게 한꺼번에 너무 많은 영양분을 뺏기면 기본적인 생리작용을 할 수 없어 죽는다. 잎에서 만든 영양분을 온실가루이에게 빼앗긴 고추는 더 이상 다른 조직에 에너지를 제공할 수 없기 때문에 잎뿐 아니라 전체가 죽게 된다.

더운 여름은 온실가루이가 매우 좋아하는 계절이다. 기후 변화 때문에 날씨가 점점 더워져 우리나라에서 온실가루이의 피해가 매년 늘고 있다. 옆나라인 중국은 그 피해가 더욱 심각해서 국가적으로 온실가루이를 막으려고 엄청난 양의 살충제를 뿌리고 있다. 하지만 앞서 이야기했듯이 온실가루이가 줄어들기는커녕 오히려 살충제에 저항성이 생겨 살충제를 아무리 뿌려도 죽지 않는 슈퍼 온실가루이가 농민들을 위협하고 있다. 마치 항생제 내성 슈퍼 박테리아처럼 말이다.

## 병원성 바이러스를 남기고 떠나다

문제는 온실가루이가 식물의 영양분을 빼앗는 정도로 끝나지 않는다는 점이다. 온실가루이는 바이러스 매개충이다. 앞서 식물 바이러스에 관한 이야기에서 설명했지만 바이러스는 스스로 식물을 공격하지 못한다. 다른 생명체의 도움이 필수다. 바이러스를 가장 많이 도와주는 생명체는 곤충이다. 가끔 선충이나 곰팡이로 전달되는 바이러스가 있지만, 대부분은 곤충의 입이나 장에 있던 바이러스가 곤충이 식물을 먹을 때 식물로 전달된다. 온실가루이도 잘 알려진 식물 바이러스의 매개체다. 바이러스는 정말 단순해서 유전자와 유전자를 보호하는 단백질로만 구성되어 있다. 여기서 유전자는 DNA나 RNA다. 식물에 병을 일으키는 대부분의 바이러스는 RNA로만 구성되어 있는 유전자를 가진 RNA 바이러스인데, 특이하게도 온실가루이는 DNA 바이러스를 식물로 옮긴다. 아직 정확한 이유는 알 수 없지만 DNA 바이러스는 RNA 바이러스에 비해 식물에 해를 끼치는 경우는 드물어도 일단 해를 끼치면 그 피해는 엄청나다. 최근 우리나라에서 토마토에 발생해 큰 문제를 일으킨 토마토잎말림황화바이러스Tomato yellow leaf curl virus, TYLCV는 온실가루이가 옮긴다고 알려진 대표적인 바이러스다. 아직 뚜렷한 해결책이 없어 병이 생기면 빨리 뽑아내는 수밖에 없다. 병에 걸린 식물은 건강한 식물로부터 빨리 격리해야 한다. 하지만 이것도 영구적인 해결책일 수는 없다. 이미 날아다니는 온실가루이의 몸속에 이 바이러스가 가득 있고, 마음대로 식물들 사이를 날아다니다 아무 식물에나 앉아 식물 즙액을 먹으며 바이러스를 내뱉고 다시 날아간다.

올포원 프로젝트는 이렇게 작지만 엄청난 피해를 끼치는 온실가루이가 고추의 즙액을 빨며 일으키는 반응을 알아내는 것을 목표로 실험을 진행했다. 올포원이라는 이름답게 다음과 같이 식물의 반응을 나누어 실험을 진행했다(여기서는 가명을 사용했다).

| 진호 | 온실가루이가 고춧잎을 먹을 때 고추에는 어떤 일이 일어날까? |
|---|---|
| 기현 | 온실가루이의 공격을 받았던 고추가 뿌리를 공격받으면 무슨 일이 일어날까? |
| 찬오 | 온실가루이가 실제로 식물의 저항성반응을 증가시킬까? |
| 선영 | 저항성반응은 고추의 뿌리에 어떤 영향을 미칠까? |
| 재현 | 식물이 저항성반응을 보일 때 뿌리에서 나오는 물질에 어떤 미생물이 끌려오는 걸까? |

이제 한 사람씩 어떤 실험을 했는지 살펴보자.

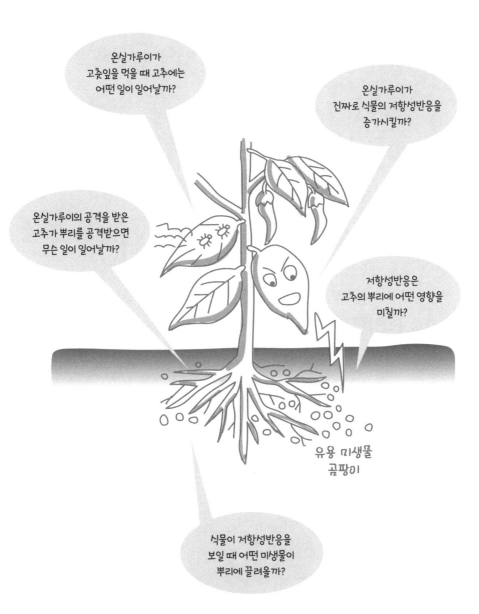

## 진호의 질문: 온실가루이가 고춧잎을 먹을 때 고추에는 어떤 일이 일어날까?

진호가 한 일은 간단한 실험처럼 보이지만 실험 조건을 만드는 데 많은 시간을 투자해야 했다. 제일 큰 문제는 대조군이었다. 온실에는 온실가루이가 항상 날아다녔기 때문에 온실가루이가 고춧잎의 즙액을 빨아먹는 실험군의 대조군인 온실가루이 없는 실험군을 만들기가 매우 힘들었다. 여러 시행착오를 거친 끝에 진호는 양쪽 끝이 뚫린 플라스틱 통을 스타킹으로 막아서 공기는 통하되 곤충은 통과하지 못하는 시스템을 만들었다. 이 실험을 위해 스타킹 3,000장을 사용했다. 식물은 온실가루이에게 먹히고 있을 때 그 존재를 어떻게 알아낼까 라는 질문에서 출발한 이 실험에서 진호는 만약 식물이 온실가루이를 인식한다면 반드시 어떤 반응을 나타낼 것이라는 가정을 세웠다. 이 반응들 가운데는 온실가루이의 공격에 대한 식물의 저항반응이 있을 것이라고 생각했다. 하지만 이 반응을 직접적으로 확인할 방법이 없었다. 그러다 진호는 재미있는 아이디어를 떠올렸는데, 온실가루이가 공격한 잎에 세균병인 고추세균반점병을 접종해보자는 생각이었다. 실제로 접종을 했더니 신기하게도 온실가루이의 공격을 받지 않은 고추의 고춧잎은 세균반점병에 걸려 잎이 떨어졌지만 온실가루이가 공격한 잎은 생생했다. 신이 난 진호는 이번에는 온실가루이의 공격을 받은 고추의, 아직은 온실가루이의 공격을 받지 않아 깨끗한 다른 잎에도 세균반점병을 접종했고 역시 병이 나지 않는 현상을 관찰할 수 있었다. 진호는 실험결과 온실가루이의 공격을 받으면 식물이 저항성반응을 보일 수도 있다는 사실을 알게 되었다.

## 기현의 질문: 온실가루이의 공격을 받았던 고추가 뿌리를 공격받으면 무슨 일이 일어날까?

진호의 실험은 기현의 실험이 시작된 계기가 되었다. 온실가루이가 직접 먹지 않은 잎에서도 저항성반응이 발현하여 세균병이 나지 않는다면 신호가 온실가루이가 먹은 잎에서 그렇지 않은 다른 잎으로 전달되었다는 의미인데, 그러면 뿌리는 어떤 반응을 보일지가 기현은 궁금했다. 이제 배턴이 진호에서 기현으로 옮겨졌다. 기현은 먼저 고추 뿌리에 병을 일으키는 병원균을 찾아보았다. 고추 뿌리에 병을 일으키는 많은 병원균들 중 실험하기 좋은 병원균을 찾던 기현은 농민들과 농촌진흥청의 의견을 듣고 고추농사를 지을 때 방제가 어려운 풋마름병을 일으키는 세균을 선택했다. 풋마름병은 랄스토니아라는 토양세균에 의해 발생한다. 랄스토니아는 식물의 뿌리 끝을 통해 식물로 들어간 후 물을 잎으로 올려주는 물관에 자리를 잡는다. 물관조직은 랄스토니아가 내뿜는 효소 때문에 녹아 부서지고 결국 제기능을 못하고 막혀버린다. 아무리 물을 많이 줘도 식물은 줄기와 잎으로 물을 전달받지 못하니 푸르게 말라 죽는다. 그래서 이름도 풋마름병 혹은 청고병이다. 기현은 랄스토니아를 온실가루이가 잎을 공격한 식물체와 온실가루이가 없는 식물체의 뿌리에 물 주듯이 부어주었다. 일주일이 지나 병징이 나타날 때쯤 살펴보니 온실가루이가 잎을 공격한 식물은 풋마름병에 거의 걸리지 않아 마름 증상을 보이지 않은 반면 온실가루이의 공격을 받지 않은 식물은 말라 죽었다. 랄스토니아의 뿌리 공격을 받은 식물체는 죽기 살기로 발버둥치며 저항성신호를 식물 전체로 보내고 있었던 것이다.

## 찬오의 질문: 온실가루이가 진짜로 식물의 저항성반응을 증가시킬까?

기현의 실험을 옆에서 도와주던 찬오는 실험 중에 신기한 현상을 목격했다. 온실가루이가 식물의 잎에서 즙액을 빨아먹기만 하면 식물이 잘 자라지 못하는 현상이 나타났다. 온실가루이가 없는 식물에 비해 키와 잎의 크기가 뚜렷이 작았다. 이는 식물의 저항성반응(면역반응)이 과다하게 발현될 때 발생하는 현상인데, 앞서 마틴 하일의 에너지보존이론으로 설명한 적이 있다. 찬오는 이를 진짜로 에너지보존이론으로 설명할 수 있는지 밝히기 위해 온실가루이가 먹고 있는 잎과 먹지 않는 잎과 뿌리에서 저항성 관련 유전자가 발현하는지 조사해보았다. 그 결과 예상대로 온실가루이의 공격을 받은 식물이 저항성 관련 유전자를 격하게 발현하는 것을 관찰할 수 있었다. 결국 과도한 에너지를 사용하는 바람에 식물이 잘 자라지 못한 것이다. 하지만 이 현상이 뿌리의 생장에 어떤 영향을 주는지는 선영이 없었다면 밝히지 못했을 것이다.

## 선영의 질문: 저항성반응은 고추의 뿌리에 어떤 영향을 미칠까?

선영은 찬오와 함께 실험을 하던 중 고추 뿌리의 생장 패턴이 지상부인 줄기와 잎의 생장 패턴과 전혀 다른 것에 눈길이 갔다. 실험을 할 때 선영은 찬오가 줄기만 잘라 길이와 무게를 재는 것을 보고 과연 뿌리는 어떨까 궁금해졌다. 일반적으로 지상부가 줄어들면 당연히 뿌리도 작아질 것 같다. 하지만 뿌리를 뽑아 확인해보니 오히려 온실가루이가 잎을 공격한 식물체의 뿌리 생장이 더 잘돼 있었다. 부피와 무게, 길이에서 눈에 띄게 커져 있었다. 신기한 현상이다. 온실가루이의 공격 때문에 지상부의 크기는 줄어들었는데 반대로 뿌리는 훨씬 잘 자라다니 이를 어떻게 설명해야 할까? 여러 논문을 읽은 후 선영이 제안한 가설은 '혹시 온실가루이가 잎을 공격하면 고추가 뿌리로 세균이 좋아하는 물질을 분비하는 건 아닐까?'였다. 또하나 가설을 세웠는데, '이 물질 때문에 뿌리 주위로 식물생장촉진세균들이 많이 모여들면서 식물의 뿌리가 더 잘 자라게 된 것은 아닐까?'였다. 그렇다면 실험으로는 어떻게 증명해야 할까?

선영은 아주 간단한 아이디어를 냈다. 앞서 세균의 종류에 대해 간단히 설명한 내용을 기억하시는지? 토양세균 역시 세포벽 구조를 기준으로 두 가지로 분류할 수 있는데, 바로 세포벽이 없거나 얇은 그람음성세균과 세포벽이 두꺼운 그람양성세균이다. 이유는 알 수 없지만 식물에 병을 일으키는 세균의 95퍼센트 이상이 그람음성세균이다. 반대로 식물에 유익한 세균은 대부분 그람양성세균이다. 그러므로 그람양성세균만 분리할 수 있다면 선영이 제안한 아이디어를 증명할 수 있을 것이다. 어떻게 해야 할까?

다시 논문을 찾아보니 대부분의 그람양성세균은 휴면포자라는 독특한 구조를 만드는데 이 덕분에 그람양성세균은 외부의 환경이 혹독해도 잘 견딜 수 있다. 선영은 온실가루이가 공격한 고추의 뿌리 근처에서 분리한 세균들을 물에 넣은 후 온도를 80도로 올렸다. 그람양성세균이라면 잘 버텨낼 터였다. 그리고 이렇게 분리한 그람양성세균을 배양한 다음 어린 고추의 뿌리 주위에 뿌려주었다. 실험결과는 가설 검증에 성공했음을 보여줬다. 식물이 잘 자란 것이다. 더 신기한 것은 온실가루이의 공격을 받았던 고추의 뿌리에서 두 배나 많은 그람양성세균들이 발견된 것이다. 가설을 증명한 선영은 뛸 듯이 기뻐했다.


## 세계적인 저널에 실리다

지금까지 이야기한 온실가루이 이야기는 세상의 빛을 보지 못할 뻔했다. 실험을 마무리하고 논문을 작성하긴 했는데, 투고할 저널을 찾지 못해 서랍 속에 넣어두고 2년 이상을 보냈다. 그러던 중 한국을 방문한 생태학자 마틴 하일이 이 실험 이야기를 듣더니《생태학저널Journal of Ecology》에 투고해보라고 권유했다.

영국생태학회는 미국생태학회와 함께 세계에서 가장 권위 있는 학회이며, 여기서 발간하는《생태학저널》은 자존심이 세기로 유명하다. 그때까지 한국에서 발간한 논문이 이 저널을 통해 출간된 적은 한 번도 없었다. 그래서 걱정되기는 했지만 권위 있는 전문가의 조언이라 서랍 속에 있던 논문을 꺼내 여러 번 고치고 다듬어《생태학저널》에 투고했다. 이 과정 역시 쉽진 않았지만 결국 우리 논문은 세상에 나왔고, 많은 사람의 관심도 얻게 되었다. 논문이 나올 즈음에는 실험을 시작하고 결과를 만들었던 실험실 멤버들 중 많은 이들이 이미 실험실을 떠나 다른 직장과 학교로 갔기 때문에 남아 있는 사람들끼리 조촐하게 파티를 했다.

## 재헌의 질문: 식물이 저항성반응을 보일 때 뿌리에서 나오는 물질에 어떤 미생물이 끌려올까?

논문이 발간된 후 실험실에 들어온 재헌은 뿌리에서 나오는 물질이 변화한다면 이것을 먹고 사는 뿌리 주위의 미생물의 종류에도 어떤 변화가 일어나지 않을까 하고 의문을 품게 되었다. 온실가루이의 공격을 받은 고추의 뿌리가 더 잘 자란 현상을 단순히 그람양성세균과 그람음성세균으로 설명하는 데서 끝내지 말고 어떤 종류의 세균들이 식물의 뿌리에서 나오는 물질에 반응했는지 좀더 자세히 실험해야겠다고 생각했다. 하지만 당시에는 세균의 종류가 어떻게 바뀌는지 알아낼 마땅한 연구방법이 없었다. 배지에서 자라는 많은 수의 세균들을 모양만 보고 어떤 종인지 구분하는 건 불가능했다. 그러던 중 2010년이 지나 토양의 세균 종류를 한꺼번에 알 수 있는 메타지놈metagenome이라는 방법이 개발되면서 토양 속에 있는 미생물 종류의 변화를 쉽게 알 수 있게 되었다.

재헌은 온실가루이가 잎을 공격하기 시작한 후 일주일 간격으로 뿌리에 있는 세균의 종류를 분석했다. 그런데 뜻밖에도 그람음성세균인 슈도모나스의 종류가 다양해지고 그 수도 급격하게 늘어난 것을 볼 수 있었다. 이해가 되지 않는 현상이었다. 앞선 실험에서는 그람양성세균의 수가 분명히 많아졌다. 그런데 이번 실험에서는 그람음성세균인 슈도모나스의 종류가 많아졌다(이 슈도모나스는 식물 병원성 세균이 아니라 앞서 쿡이 발견한 식물에 유익한 슈도모나스다). 어떻게 된 일일까? 실험결과가 점점 꼬여가기 시작했다. 재헌은 슈도모나스만을 선택적으로 분리하는 특별한 배지를 이용해 다시 한 번 확인했다. 그랬더니 확실히 슈도모나스의 종류와 수 모두 많아졌다는 걸 확인할 수 있었다.

왜 슈도모나스일까? 우리가 한창 실험을 하고 있을 때 마침 결정적인 논문이 《국제미생물생태학회지ISME Journal》에 발표되었다. 스위스의 크리스토퍼 킬Christopher Keel 박사가 식물 뿌리 주위의 토양 속에서 식물에 유익한 영향을 미치는 세균의 전체 유전자지도를 만들어 살펴봤더니 신기하게도 곤충을 죽이는 독소를 생산하는 유전자가 있었다. 이 논문을 읽은 재헌이 혹시나 해서 뿌리에서 분리한 이 슈도모나스를 곤충에 처리해보니 곤충은 하루가 못 되어 죽었다. 다시 한 번 결과를 확인하기 위해 그 독소 유전자를 돌연변이시켰더니 이번에는 곤충을 죽이지 못했다. 이 결과를 염두에 두고 식물이 온실가루이의 공격을 받고 있을 때 토양 속에서 슈도모나스 세균을 분리한 후 곧이어 곤충에 접종했다. 그랬더니 곤충이 하루도 되기 전에 죽는 것이 아닌가?

이야기를 종합해보자. 온실가루이가 잎을 공격하면 뿌리 주위로 슈도모나스를 유인하는 어떤 물질이 분비되고, 이 물질로 인해 뿌리 주위에는 곤충을 죽일 수 있는 슈도모나스 세균이 늘어난다. 더욱이 슈도모나스는 식물의 뿌리에 있다가도 뿌리가 물관을 통해 물과 무기물을 흡수할 때 함께 잎으로 이동할 수 있다. 물관이라는 고속도로를 이용해 식물의 잎에 도착한 슈도모나스는 잎에서 열심히 식사하고 있는 온실가루이의 몸속으로 들어가 온실가루이를 죽인다. 처음에 우리는 그냥 그람양성세균이 주인공인 줄 알았다. 그러다가 더 자세한 연구를 통해 그람음성세균 중에서도 슈도모나스가 진짜 주인공임을 알 수 있었다. 앞서 했던 선영의 실험에서는 처음부터 그람양성세균을 분리하는 게 목적이었기 때문에 열에 쉽게 죽는 그람음성세균인 슈도모나스가 늘었어도 전혀 알아채지 못했던 것이다. 우리의 지식과 기술이 발전할수록 자연의 비밀을 알 수 있는 기회는 더욱 많아진다.

동물은 혈액을 통해 물질이 이동하고 신경이 모두 연결되어 있어 한 부분에 일어난 일이 1초도 되지 않아 뇌로 도달해 정확한 정보가 곳곳에 빠르게 전달되는 시스템을 가지고 있다. 하지만 식물은 전체가 연결된 순환계가 없다. 신호전달이 일방통행으로만 된다. 한몸임에도 정보를 주고받는 것이 쉽지 않다는 말이다. 하지만 우리는 실험을 통해 식물은 이러한 자신의 단점을 현명하게 보완해왔다는 사실을 알게 되었다. 자신의 잎이 곤충의 공격을 받으면 그 신호를 곧바로 뿌리와 다른 잎으로 전달하고 또다시 올지 모르는 적군에게 반격할 준비를 하며 장기적으로는 뿌리에 아군을 불러들여 잎에 대한 공격이 없어지더라도 계속 자신을 보호하도록 한다는 것이다. 식물은 생각보다 무척 똑똑하다.

## 생명을 살리는 네트워킹

올포원 프로젝트를 만들어 모든 실험실 멤버가 머리를 맞대고 함께 실험하던 때가 엊그제 같은데 벌써 10년이 지났다. 10년 전 어느 날 우리는 식물에 물을 주러 온실에 갔다가 우연히 온실가루이를 발견한 것을 계기로 식물이 온실가루이의 공격에 대응하는 다양한 기전을 하나하나 연구하기 시작했다. 이 연구를 통해 식물이 우리의 생각보다 훨씬 더 주도면밀함을 알 수 있었다. 2000년대에 들어서면서 많은 식물학자들이 '식물도 지적 생명체가 아닐까?'라는 주제로 많은 연구를 진행하고 있다. 아직까지는 그렇다고 확신하기에 충분한 결과를 내지 못하고 있지만, 눈부신 과학의 발전을 보면 가까운 시간 내에 식물과 지적인 대화를 할 수 있는 공상과학소설 같은 날이 올지도 모르겠다.

우리가 트위터나 페이스북, 인스타그램에 매달리는 이유는 지인들과 교류하고 싶기 때문이다. 식물에게 이러한 소셜 네트워크 시스템이 존재하는지는 아직 논란의 여지가 많다. 하지만 식물이 적의 공격을 막기 위해 주위의 다양한 친구들(바실러스종이나 슈도모나스종 같은 유익한 세균들)을 불러들여 직접적으로 곤충의 공격을 막아내려 시도하는 것을 보면 개인적으로 이것을 소셜 네트워크의 범주에 넣어도 될 것 같다는 생각이 들었다.

물론 아직까지 밝히지 못한 부분이 훨씬 많다. 어떤 신호가 잎에서 뿌리로 가는지, 뿌리에서 나오는 물질들 중 미생물을 불러들이는 다른 물질은 없는지, 곤충을 죽이는 슈도모나스가 정말로 물관에 도달할 수 있는지, 곤충의 몸속으로 어떻게 슈도모나스가 들어가는지 등 지금까지 한 실험보다 더 많은 의문들이 미래의 과학자들이 답하기를 기다리고 있다.

약간 다른 각도로 보면, 올포원 프로젝트로 몇 명 되지 않은 실험실 사람들이 하나가 되어 공동의 목적을 위해 열심히 일하듯이 자연계에서도 각각의 그룹이 힘들어지거나 위험에 처할 때 서로 도와 그 문제를 해결해나가는 것을 알 수 있다. 인간이 식물과 미생물로부터 배워야 하는 부분이 아닐까?

# 13

## 자연의 대화는 생각보다 복잡하다: 옥수수-선충-세균-곤충의 4자회담

이제부터 소개하려는 내용은 내 친구인 이반 힐트폴드Ivan Hiltpold의 실험이 바탕이 되었다. 식물을 중심으로 다양한 생명체 사이의 네트워크를 연구한 실험이다. 이반은 지금 미국 델라웨어대학의 교수로 있는데, 내 초청으로 제주도에서 열린 학회에 참석하기도 했다. 우리는 요즘도 연락하며 공동연구를 진행하고 있다.

이반의 지도교수였던 테드 털링스Ted C. Turlings 교수는 스위스 누차텔대학에서 곤충학을 전공한 분으로 오랫동안 곤충과 식물의 상호작용에 관한 연구를 진행했다. 털링스 교수와 이반은 2005년《네이처》에 아주 흥미로운 논문을 발표했다. 이 장의 바탕이 되는 논문이다. 간단히 요약하자면 옥수수는 곤충이 자신의 잎을 먹고 있을 때 뿌리에서 선충을 유인하는데, 이 선충은 곤충을 먹이로 삼는 곤충 병원성 선충이라는 내용이었다. 옥수수는 뿌리에서 냄새를 풍겨 멀리 있는 선충을 유혹한다고 한다.

털링스 교수와 이반은 이 논문을 통해 이전에는 생각지 못한 식물의 똑똑한 행동양식을 발견하여 세상을 놀라게 했다. 두 사람은 식물과 곤충의 상호작용에서 뿌리로부터 풍겨 나오는 냄새(휘발성 물질)가 중요한 역할을 한다는 사실, 또 이 책의 주요 관심사이기도 한 미생물이 이 복잡한 상호작용에서 가장 중요한 역할을 한다는 사실을 최초로 밝혀냈다.

## 해충에 강한 유럽 옥수수, 해충에 약한 미국 옥수수

옥수수에 치명적인 해충 중에 디아브로티카 버지페라*Diabrotica virgifera*라는 딱정벌레가 있다. 우리나라에서는 옥수수뿌리벌레라고 부르는 이 벌레는 땅속에 살면서 미국의 옥수수를 초토화시켜 엄청난 양의 살충제를 뿌리도록 만들었다. 하지만 효과는 그다지 좋지 못했다. 뿌리에 농약을 뿌리면 농약은 토양조직에 흡착되어 땅속 깊이 있는 곤충에 제대로 닿지 않아 살충효과가 낮아진다. 이 문제를 극복하기 위해 사람들은 옥수수뿌리벌레가 공격하는 조직인 뿌리에서 직접 곤충을 죽일 수 있는 독소를 지속적으로 생산하게 하는 유전자 조작 식물체를 만들었다. 토양세균이며 유익균인 바실러스 투린지엔시스*Bacillus thuringiensis*에서 유래한, Bt 독소라는 이 독소는 곤충의 장내에 천공을 만들어 곤충을 죽인다. 하지만 문제가 완벽하게 해결되지는 않았다. 예전에는 잘 죽던 옥수수뿌리벌레가 잘 죽지 않는 저항성으로 갑자기 돌변하는 바람에 미국에서 큰 문제가 생겼다. 그래서 학자들은 이 해충을 방제할 수 있는 방법을 다방면으로 다시 찾아야 했다.

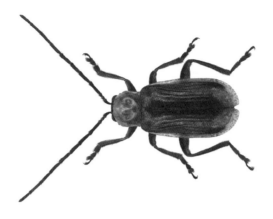

옥수수에 치명적인 해를 입히는 옥수수뿌리벌레

미국에서 이런 문제가 발생하고 있을 때 이상하게 유럽에서는 옥수수뿌리벌레가 문제를 일으키지 않았다. 그러니 Bt 옥수수를 심을 필요도 없었다. 미국의 과학자들은 이 현상이 미국의 옥수수밭을 초토화시킨 옥수수뿌리벌레를 해결할 새로운 돌파구라는 생각을 하게 됐다. 재미있게도 이 현상을 설명한 과학자는 유럽의 과학자다. 앞서 소개한 2005년 털링스 박사의 논문이 이를 해결한 것이다. 이제 그 내용을 좀더 자세히 들여다보자.

당시 박사과정 학생이었던 이반은 털링스 박사의 실험에 참여해 유럽의 옥수수 품종과 미국의 옥수수 품종이 어떻게 다르기에 해충 발생에서 차이가 나는지 이유를 찾기 시작했다. 먼저 유럽과 미국의 옥수수를 분석해보니 별다르게 큰 차이는 없었지만, 유럽 옥수수의 뿌리는 베타 카리오필렌 β-caryophyllene이라는 물질을 생산하는 데 반해 미국 옥수수는 전혀 생산하지 않았다. 그렇지만 이것만으로는 왜 옥수수뿌리벌레가 유럽에서는 옥수수를 공격하지 못하는지 알아낼 수 없었다. 말이 되려면 옥수수뿌리벌레가 베타 카리오필렌 냄새를 싫어하고 이 냄새가 강하게 나는 유럽 옥수수 뿌리 쪽으로 가는 것을 싫어해야 하는데, 옥수수뿌리벌레는 그 냄새에 아무런 반응을 하지 않았다. 다시 말해 베타 카리오필렌 때문에 해충 발생에서 차이가 나는 것이 아니었다.


## 미국 옥수수를 살려라!

과학자들, 특히 생태학자들은 실험이 잘되지 않을 때는 모든 것을 자연에 맡기고 물어봐야 한다고 말하곤 한다. 답은 늘 자연에 있다. 이반이 그랬다. 실험실에서 해답을 찾을 수 없으니 자연에 물어볼 밖에⋯. 학교 근처 스위스 누차텔 지역에서 옥수수가 자라는 흙을 가져온 이반은 이 흙에 유럽 품종 옥수수와 미국 품종 옥수수를 심어보았다. 하지만 겉에서 보기에 둘은 차이점이 전혀 없었다. 여전히 옥수수뿌리벌레는 미국 품종을 공격해 옥수수를 죽이고 유럽 품종에는 영향을 미치지 못했다. 그런데 좀더 자세히 관찰해보니 이 해충이 미국 옥수수를 죽이는 방법이 특이했다. 옥수수뿌리벌레는 옥수수의 잎을 먹는 것이 아니라 땅속에 있는 뿌리를 조금씩 갉아 먹는다. 뿌리가 없어지면 옥수수는 토양으로부터 영양분과 물을 흡수할 수 없으므로 결국 죽는다. 미국 품종은 뿌리에 심한 상처를 입으며 죽기 시작했다. 무슨 일이 일어나고 있는 걸까?

이반은 옥수수뿌리벌레를 좀더 관찰해보기로 했다. 그가 미국 옥수수 근처에서 죽어 있는 옥수수뿌리벌레를 맨눈으로 관찰했을 때는 이상한 점을 찾을 수 없었다. 하지만 현미경으로 죽은 벌레를 관찰하니 무척 흥미로운 현상을 발견할 수 있었다. 미국 옥수수의 뿌리에서 발견된 옥수수뿌리벌레의 몸속에서 실처럼 생긴 움직임이 관찰된 것이다. 마치 수백 마리의 뱀들이 서로 엉켜 있는 듯한 형태였다. 현미경으로 보았을 때 뱀 무리처럼 보인다는 것은 맨눈으로는 잘 보이지도 않는 생명체라는 의미다. 이 생명체는 바로 선충 nematode이다. 좀더 정확히 말하면 곤충을 죽이는(병원성이 있는) 선충, 즉 곤충 병원성 선충 Entomopathogenic nematode (Entomo: 곤충의, pathogenic: 병원성의)이라는 선충의 그룹이다. 더 재미있는 점은 유럽 옥수수의 뿌리 주위에도 이 곤충 병원성 선충이 있었는데, 미국 옥수수의 뿌리에서보다 다섯 배나 많았다.

이제 좀더 복잡한 수수께끼를 풀어야 할 차례였다. 앞서 언급했지만 두 옥수수 품종에서 유일한 차이는 베타 카리오필렌이라는 냄새의 차이였다. 유럽 옥수수의 뿌리는 베타 카리오필렌을 생산하지만 미국 옥수수는 전혀 생산하지 않았다. 옥수수뿌리벌레가 이 냄새에 전혀 반응하지 않았기 때문에 연구팀은 이 냄새가 옥수수뿌리벌레의 몸속에 있던 선충의 움직임을 어떻게 달라지게 하는지 조사했다. 결론은 이 냄새가 선충을 끌어들인다는 것이었다. 선충은 눈이 없기 때문에 오로지 화학적인 자극에만 반응하는데, 분리된 공간에서도 이 선충은 베타 카리오필렌의 냄새를 맡기만 하면 뭔가에 홀리기라도 한 듯 정신없이 그쪽으로 움직였다.

즉 이런 이야기다. 유럽 옥수수는 뿌리로 베타 카리오필렌 냄새를 풍겨 곤충 병원성 선충을 유인한다. 선충이 냄새에 이끌려 옥수수 뿌리로 가면 그곳에서 자신의 먹잇감인 옥수수뿌리벌레를 발견한다. 선충이 옥수수가 제공하는 만찬을 마음껏 즐기는 사이 옥수수뿌리벌레의 공격을 받은 옥수수는 지원군인 선충의 도움으로 자유를 되찾는다.

그럼 여기서 질문이 생긴다. 유럽 옥수수는 어떻게 해서 베타 카리오필

선충 유인 시스템. 여섯 개의 유리통 중 세 개에 미국 옥수수와 유럽 옥수수를 심고, 나머지 세 개에는 베타 카리오필렌이나 물을 넣는다. 가운데 통에 선충을 넣고 시간이 흐른 후 각 통에서 선충의 개수를 측정하면 선충이 어디로 유인되는지 알 수 있다.

렌을 만드는 유전자를 가지고 곤충으로부터 자신을 보호할 수 있게 되었을 까? 미국 옥수수도 원래 이 유전자를 가지고 있었는데, 어떤 계기로 인해 잃 어버린 걸까?

## 열쇠는 선충이 쥐고 있다

이 질문에 대한 답을 찾는 데는 오랜 시간이 걸리지 않았다. 미국 옥수수 품종들은 여러 차례의 교배를 통해 만들어졌는데, 처음 교배를 시작했을 때

227

의 옥수수는 베타 카리오필렌을 만들 수 있었다. 그럼 이런 가설을 세워볼 수 있다. 옥수수는 애초에 이 냄새를 만드는 능력이 있었는데, 옥수수 알의 크기, 키, 병에 대한 저항성 등 다른 형질(유전자)을 중심으로 교배되다 보니 뿌리에서 일어나는 일들은 신경 쓸 수가 없었고, 생각지도 못한 베타 카리오필렌 만드는 유전자는 그러는 사이에 사라지게 된 것이다. 만약 이 가설이 사실이라면 유럽 옥수수 품종에서 베타 카리오필렌 만드는 유전자를 찾아 교배를 통해 미국 옥수수 품종에 다시 넣어주면 될 것이다.

이반은 연이어 이 프로젝트를 맡아서 수행했다. 이반은 옥수수의 유전자 지도에서 베타 카리오필렌 만드는 유전자를 찾아냈다. 역시 미국 옥수수에서는 이 유전자가 돌연변이되어 제대로 작동하지 않고 있었다. 이반은 마치 고장 난 기계를 고치듯 이 냄새를 다시 만들 수 있도록 미국 옥수수에 베타 카리오필렌 만드는 유전자를 넣어준 다음 본격적인 검증을 위해 미국으로 갔다. 그런데 예상과는 달리 미국 중부의 광활한 옥수수밭에서의 실험은 실패했다. 분명히 베타 카리오필렌을 만드는 옥수수는 옥수수뿌리벌레의 공격을 받지 않아야 하지만 냄새를 만들어내지 못하는 기존의 미국 품종과 차이가 없었다. 뭐가 잘못되었을까?

이반은 다시 토양을 면밀히 조사했다. 그랬더니 미국의 들판에서는 유럽 옥수수의 뿌리에서 잔뜩 발견된 곤충 병원성 선충이 거의 발견되지 않았다. 미국인들이 오랫동안 베타 카리오필렌을 생산하지 못하는 옥수수를 계속 심으니 토양 속에 있던 곤충 병원성 선충들도 멸종한 것이다. 그러니 베타 카리오필렌을 만드는 식물체가 생겨도 뿌리로 모여들 선충들이 없었던 것이다. 이처럼 자연은 한 번 사라지면 회복하기 힘든 상황에 처하는 경우가 많다. '우유를 대신할 수 있는 것은 우유밖에 없다'는 광고 카피처럼 곤충 병원성 선충을 대신할 수 있는 건 없기에 미국의 옥수수는 계속해서 옥수수뿌리벌레의 공격을 받을 수밖에 없었던 것이다. 이후 이반은 유럽에서 발견된 곤충 병원성 선충의 알을 베타 카리오필렌을 만들 수 있도록 교배된 미국 옥수수 품종의 뿌리에 뿌려주었다. 그랬더니 옥수수뿌리벌레에 뿌리를 갉아 먹혀 죽는 옥수수가 없어졌다.

## 곤충의 암살자를 찾아라!

그러면 선충은 어떻게 곤충을 죽일 수 있는 걸까? 언뜻 선충이 곤충의 몸에 구멍을 뚫어 죽이는 모습이 상상되지만, 사실 곤충 죽이기는 그리 쉬운 일이 아니다. 이반은 선충의 해충 퇴치법을 밝히기 위해 다양한 실험을 하다가 생각지도 못한 것을 발견했다. 선충을 항생제에 잠시 담갔다 곤충 주위에 놓아두었더니 곤충을 죽이지 못하는 것이었다. 참고로 항생제는 세균만 죽인다. 선충에는 아무 영향도 주지 않는다. 항생제 속에 들어갔다 나온 선충은 어째서 곤충을 죽이지 못하는 걸까?

긴 이야기를 짧게 하자면 인형 속에 또 다른 인형이 계속 들어 있는 러시아 전통 인형 마트료시카처럼 이 이야기의 종착역은 세균으로 마무리된다. 다시 말해 곤충을 죽이는 진짜 암살자는 선충이 아니라 선충의 몸속에 있는 세균이었던 것이다. 이를 확인하기 위해 선충 몸속의 세균만 분리해 옥수수뿌리벌레에 넣어주니 24시간 만에 모두 죽었다. 결국 선충은 곤충에게 세균만 전달할 뿐 곤충을 죽이는 직접적인 역할은 이 세균의 몫이었던 것이다. 좀더 엄밀하게 이야기하면 세균이 만들어내는 독소가 곤충을 죽인다. 곤충 병원성 선충이라는 버스를 탄 세균은 일단 자기의 암살 대상에 도착하면 옥수수뿌리벌레를 사정없이 죽인다. 이후 죽은 해충을 선충이 먹고 배를 채우면 선충은 세균에게 그 대가로 많은 영양분을 제공한다. 선충과 세균은 완벽한 공생관계를 유지하고 있다는 것이 이 이야기의 결말이다.

자연은 우리가 상상도 못 할 신비로 가득 차 있다지만 어떻게 이런 기막힌 조합이 생겨났을까? 사실 우리가 알고 있는 미생물과 곤충, 식물들의 상호작용을 좀더 들여다보면 지금 소개한 옥수수뿌리벌레와 선충처럼 상당히 복잡한 관계라는 것을 알 수 있다. 앞에서도 소개한 곰팡이 속에서 공생하는 바이러스 덕분에 이 곰팡이와 공생하는 식물이 고온에서 살아갈 수 있다는 사례도 상당히 복합적인 상호작용의 결과다.

하지만 여기서 또 다른 질문이 남는다. 어떻게 세균이 내는 독소가 벌레는

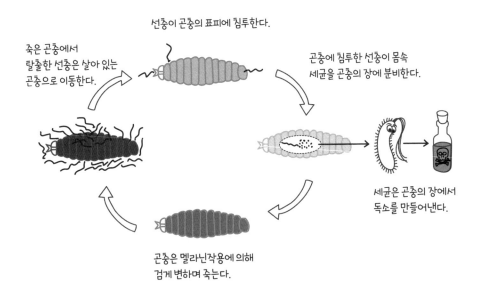

선충이 곤충의 표피에 침투한다.

죽은 곤충에서
탈출한 선충은 살아 있는
곤충으로 이동한다.

곤충에 침투한 선충이 몸속
세균을 곤충의 장에 분비한다.

세균은 곤충의 장에서
독소를 만들어낸다.

곤충은 멜라닌작용에 의해
검게 변하며 죽는다.

죽이는데 선충은 죽이지 않을까? 선충과 해충은 모두 동물계에 속한다. 아직까지 정확한 답은 찾지 못했지만, 비슷한 사례를 보면 자연에서 상생을 위한 세균의 독소 생산 유전자는 상당히 조절이 잘되어야 한다. 선충과 세균이 공생관계를 유지하려면 이 독소가 선충의 몸속에서는 만들어지지 않아야 하고 해충의 몸속에서만 제 역할을 해야 한다. 다시 말해 세균은 여기가 선충의 몸속인지 해충의 몸속인지 정확히 알고 있어야 한다. 뛰어난 암살자는 정확하게 적을 조준하고 맞춘다. 잘못하다가는 친구도 죽일 수 있기 때문이다. 아무튼 자연의 복잡한 상호작용은 정말 신기할 따름이다.

* * *

이 글을 쓰고 있는데 이반이 연락을 했다. 곤충이 식물을 먹을 때 식물이 새를 불러들이는 냄새를 풍겨 곤충을 잡아먹게 하는 현상을 연구하기 시작했다는 것이다. 또 이 장에서 이야기한 실험도 계속 진행 중이라고 한다. 요즘에는 선충의 몸속에서 발견한 세균만 대량으로 배양해서 미국 옥수수에 발생하는 해충을 막으려는 시도도 하고 있고, 선충을 대량으로 키워서 밭에 뿌리는 일도 하고 있다고 한다. 선충은 알을 만들기 때문에 알을 물에 타서 밭에 뿌리면 된다. 이 방법은 농업현장에서 활용될 가능성이 상당히 크다. 선충은 기주 특이성Host specificity*이 강해서 아무렇게나 뿌려도 목표가 되는 해충만 공격하지 다른 곤충은 공격하지 않기 때문에 환경에 미치는 부작용을 최소화할 수 있다. 다시 말해 선충 속 세균들이 독소를 기주의 몸속에서만 만들어낸다는 의미다. 우리가 자연을 대할 때 현상적인 부분만 보면 쉽

---

* 병원균이 죽일 수 있는 생명체의 범위를 말한다. 기주 특이성이 높으면 하나나 극히 일부의 종에만 병을 일으킬 수 있고, 기주 특이성이 낮으면 여러 종에 병을 일으킬 수 있다.

게 이해되지 않는 것도 깊이 들어가면 대부분 꼭 그렇게 될 수밖에 없는 이유가 존재하고, 그렇게 정착되기까지 서로 오랫동안 상호작용을 했다는 것을 기억해야 한다.

선충이 체내에 세균을 가지고 있지 않았다면 아마 지금까지 살아남지 못했을 것이다. 선충의 입장에서 세균을 자기 몸속에 계속 가지고 다니는 것은 상당히 힘든 일일 것이다. 어찌 보면 쓸데없는 에너지를 사용해야 하기 때문이다. 하지만 지구 생태계라는 길고 넓은 시각에서 보면 생존에 훨씬 유리하다. 해충이 옥수수를 모두 먹어치울 수 있었지만 자연은 선충이 세균을 친구로 영입하면서 옥수수가 지구에서 없어지는 것을 막았다. 옥수수가 베타 카리오필렌 냄새를 풍겨 구조를 요청했을 때 과감하게 도움에 응한 그 옛날 한 마리의 선충에서부터 이 이야기는 시작했을 것이다. 가까운 곳에서 내 도움을 요청하는 친구가 있는지 한번 살펴보자. 평생 친구가 기다리고 있을지도 모른다. 옥수수-선충-세균의 관계처럼 말이다.

## 예쁜 선충도 있다

40대 이상의 독자라면 우리 몸속에 있는 기생충을 죽이려면 구충제를 1년에 한두 번씩 꼭 먹어야 한다고 교육받았던 것을 기억할 것이다. 이 기생충이 바로 선충이다. 선충이라는 이름도 원래 '선'처럼 가늘고 길게 생겼다고 해서 붙었는데, 사람 몸에 있는 선충은 땅속에 있는 선충에 비해 상당히 커 맨눈으로도 볼 수 있다. 지금은 위생상태가 좋아져 대부분 사라졌지만 내가 어릴 때만 해도 우리 몸속에 촌충이나 십이지장충 같은 선충이 사는 경우가 많았다. 그래서 초등학생들은 채변봉투에 변을 가져와 대장에 선충 알이 있는지 검사를 받았고, 선생님이 나눠주시는 구충제를 먹었다.

이렇게 선충은 박멸해야 할 골치 아픈 존재였지만, 의학계에서는 가장 단순한 동물인 이 선충을 이용해 동물 모델을 만들었다. 이름도 아름다운 예쁜꼬마선충*Caenorhabditis elegans*이다. 이름도 엘레강스하다. 과학계에서는 이 선충을 이용해 신약을 개발하고, 약물의 반응을 조사하고, 노화 등을 연구한다. 토양 속에 사는 선충은 크기가 아주아주 작아 현미경으로만 볼 수 있다. 그래서 동물이지만 미생물로 취급한다.

# 14

# 지구의 에이와 나무

2009년 12월 〈아바타〉라는 영화가 개봉했다. 이 영화는 흥행에 크게 성공해서 지금도 여전히 외국 영화 중 국내 최다 관객 수를 유지하고 있다. 나 역시 가족과 함께 3D로 이 영화를 봤는데, 그때의 감동이 아직도 고스란히 남아 있다. 중국 장가계를 모델로 했다는 영화 속 배경 판도라 행성이 내 눈앞에 튀어나온 것 같아 한번 잡아보려고 나도 모르게 손을 휘저었던 재미있는 기억도 있다. 어른인 나도 이럴진대 당시 초등학교 3학년, 4학년이었던 아이들은 말해 무엇하랴. 이 영화에 감명을 받은 어른은 나뿐이 아니었다. 지금은 박사지만 당시는 박사과정 학생이었던 송근철 박사도 이 영화를 보고 와서는 틈만 나면 영화 이야기를 꺼냈다. 그런데 이러한 감상들이 모여 자연의 중요한 비밀을 밝히는 실험으로 발전하리라고는 그때는 알지 못했다.

이 장의 주제가 되는 이야기를 하기 전에 영화 〈아바타〉에 대해 조금만 소개하겠다. 아바타란 '나를 대신하는 또 다른 나'를 뜻한다. 영화에서는 지구인들이 판도라라는 행성에 도착해 개척지로 삼고, 판도라 행성에 살고 있던 나비^Navi족을 유전공학을 이용해 복제한 후 여기에 지구인의 의식을 옮겨서 지구인의 '아바타'를 만든다. 인간과 아바타, 나비족 사이에서 벌어지는 사건이 이 영화를 이끈다.

판도라 행성의 에이와 나무는 행성의 모든 생명체와 대화한다. (20세기 폭스)

〈아바타〉를 비롯해 〈터미네이터〉, 〈타이타닉〉 등 많은 명작을 감독한 제임스 카메론은 이 영화에서 이용가치가 높은 판도라 행성의 광물을 채굴하려는 탐욕스러운 인간과 판도라 행성의 자연과 벗삼아 살아가는 평화로운 나비족을 대비시켜 보여준다. 아바타의 제작의도에 대해 좀더 알고 싶다면 TED 강연 〈제임스 카메론〉 편을 꼭 보기 바란다.

영화를 본 사람은 알겠지만 나비족이 모든 문제의 해결책으로 삼는 나무가 한 그루 등장한다. 에이와^Eywa다. 판도라 행성이 탐욕스런 지구인들 때문에 고통스러워하자 에이와 나무는 행성 전체에 신호를 보내 침략군 지구인들에게 대항하도록 한다. 영화 막바지에는 주인공인 지구인 제이크가 아바타가 아닌 진짜 나비족으로 살아가기로 결심하는데, 이때도 에이와 나무의 뿌리가 제이크의 의식을 옮겨주는 중요한 역할을 한다. 특히 이 장면이 송 박사의 마음을 사로잡았던 모양이다. 이제 실험 이야기로 넘어가보자.


## 식물은 뿌리로 대화한다?

우리는 영화와 현실이 많이 다르다는 사실을 잘 알고 있다. 그래서 극장에서 나오자마자 영화를 보며 떠올렸던 생각들을 쉽게 털어버린다. 극장에 앉아 느꼈던 감동이 그리 오래가지 못하고 사라지는 것이다. 그런데 과학하는 사람에게는 영화의 짧은 한 장면조차 새로운 실험의 중요한 재료가 될 수 있다. 우리는 이 영화의 마지막에 등장한, 식물의 뿌리가 의식이라는 정보의 집합체를 인간에게 옮겨주는 장면을 인상 깊게 받아들였다. 우리는 혹시 식물은 뿌리로 이야기하는 게 아닐까 라는 의문을 품었다.

이러한 질문에 대해 과학적인 방법으로 답을 찾으려면 많은 단계를 거쳐야 한다. 우선 할 일은 질문을 보다 과학적인 표현으로 바꾸는 것이다. '이야기한다'를 '식물들끼리 정보를 주고받아서 특별한 반응을 보인다'라는 보다 과학적인 표현으로 바꿀 수 있다면, 질문을 이렇게 바꿀 수 있다. 만약 식물의 뿌리가 중요한 정보의 통로라고 생각한다면 '어떤 식물의 뿌리가 옆에 있는 식물의 뿌리로 정보를 전달할 때 정보를 전달받은 식물은 특이한 반응을 보이지 않을까?'

그다음으로 '정보의 통로'라는 것을 어떻게 규정하고 증명할 것인가 라는 문제와 맞닥뜨린다. 보통 이럴 때 가장 많이 사용하는 방법은 이전 연구를 찾아보는 것이다. 간단하게는 구글에서 중요한 단어keyword 몇 개만 영어로 검색해보면 이미 발표된 관련 논문들이 줄줄이 나타난다. 같은 주제의 연구가 이미 발표되었다면 초기에 포기를 하거나 아주 다른 접근법으로 실험을 진행해야 한다.

우리는 식물이 뿌리를 정보의 통로로 이용하는 상황으로 무엇이 있을지 생각해보고, 논문도 찾아보았다. 당시 발표된 한 논문을 보니 스트레스를 받은 A 식물체가 균근Mycorrhizae*을 통해 옆에 있는 식물 B에게 다리를 놓아 특정한 화학적 신호를 전달한다는 연구결과가 있었다. 균근은 뿌리 근처에 살면서 식물의 생장에 중요한 인P을 모아 식물에 제공하여 식물이 영양분이 거의 없는 상황에서도 잘살 수 있도록 하는 곰팡이다. 다시 말해 이 논문은 균근 네트워크를 통해 특정 신호가 다른 식물체에 전달된다고 주장했다. 하지만 어떤 조건에서 A 식물로부터 B 식물로 균근 네트워크를 통해 신호

---

\* 원래 뿌리에 있는 균이라는 의미인데, 뿌리에 공생하면서 영양분을 뿌리 쪽으로 이동시켜 척박한 토양에서도 식물이 잘 자라게 하는 곰팡이들을 일컫는다.

가 전달되는지는 잘 알려지지 않았다.

2010년 우리는 뿌리를 통한 신호전달에 관한 실험을 위해 많은 논문을 읽으며 시간을 보냈다. 그러면서도 혹시나 우리와 같은 실험을 먼저 한 연구팀이 있지 않을까 조마조마했는데, 다행히 균근 네트워크에 의한 식물 간 신호전달에 관한 논문 외에 에이와 나무처럼 뿌리가 '직접' 신호를 전달한다는 내용의 논문은 발표되지 않았다. 한편 한참 뒤인 2013년 식물과 식물이 신호전달의 매개체로 균근을 사용한다는 연구보고가 영국 스코틀랜드 에버딘대학의 데이비드 존슨David Johnson 박사가 이끄는 연구팀에 의해서 발표됐다. 이 연구가 이전 연구와 다른 점은 A 식물체에 자연에서 흔하게 벌어지는 곤충이 잎을 갉아 먹는 스트레스를 주고 B 식물체로 신호가 전달되는 것을 증명했다는 것이다. 연구자들은 식물의 뿌리들이 서로 직접 연결되어 있지 않은 상황에서도 신호가 전달된다는 사실을 증명하기 위해 특별한 장치를 만들었다. 균사는 통과하지만 뿌리는 통과할 수 없는 망이다. 뿌리와 균사는 굵기가 다르다. 망의 구멍은 가로 세로가 각각 40마이크로미터로 매우 작다. 뿌리를 망으로 싸놓았는데도 신호가 전달된다면 뿌리가 아닌 다른 무언가가 신호전달에 관여하고 있음이 분명하고, 영국 과학자들은 그 무언가가 균근이라는 사실을 밝혀낸 것이다.

하지만 이 연구에 맹점이 있었다. 식물은 곤충의 공격을 받으면 잎에서 냄새를 풍겨 옆에 있는 식물에 신호를 전달한다. 이미 앞에서 설명한 내용이다. 식물은 곤충으로부터 피해를 입으면 휘발성 냄새 물질을 잎에서 뿜어 주위에 있는 식물에 신호를 보내기 때문에 옆 식물이 정보를 전달받을 수 있는 이유가 공기 중에 퍼진 냄새 때문인지 아니면 균근 네트워크 때문인지 구별하기가 힘들다. 또 다른 문제도 있는데, A 식물과 B 식물 사이에 망이

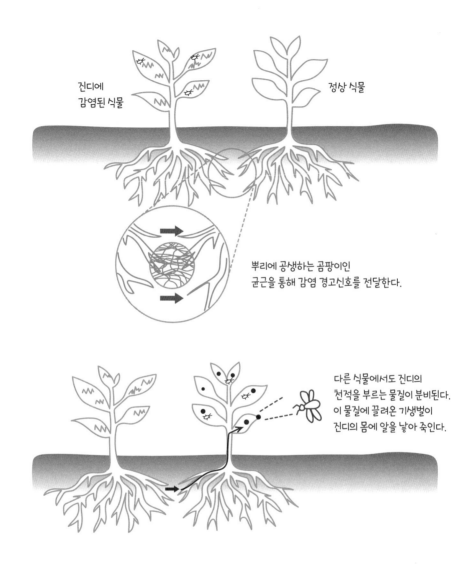

진디에
감염된 식물

정상 식물

뿌리에 공생하는 곰팡이인
균근을 통해 감염 경고신호를 전달한다.

다른 식물에서도 진디의
천적을 부르는 물질이 분비된다.
이 물질에 끌려온 기생벌이
진디의 몸에 알을 낳아 죽인다.

균근 네트워크를 통한 식물-식물 간 대화

있긴 해도 진딧물에 의한 신호는 여전히 전달되었다는 점이다. 망이 진딧물을 막지는 못한 것이다. 더욱이 신호가 전달된다는 사실은 알아냈지만 그 신호가 무엇인지는 아직까지 밝혀지지 않고 있다.

우리는 아바타의 에이와 나무가 지구인의 공격을 판도라 행성 전체에 알리고 나비족에게 인간의 의식을 옮기듯 뿌리가 신호전달에 직접적으로 이용될 수 있다는 것을 증명하기로 마음먹었다. 우리는 우선 몇 단계로 나누어 실험하기로 했다. 우리가 살면서 만나는 문제도 마찬가지지만 과학적인 문제에도 너무 많은 인자들이 섞여 있기 때문에 한꺼번에 풀려면 전혀 실마리를 찾을 수 없다. 이럴 때에는 문제를 단순화하여 나열하고 하나씩 해결하다보면 문제의 핵심과 그 해결책이 보인다.

우리는 네 가지 큰 질문을 해보았다. 먼저 A 식물이 스트레스를 받고 뿌리를 통해 B 식물로 신호를 보내게 하려면 A 식물에 어떤 스트레스를 주어야 할까? 다음으로 B 식물에 신호가 전달되었다는 것을 어떻게 쉽게 알 수 있을까? 그 다음으로 흙속 뿌리가 아닌 지상부의 잎과 잎 사이에서 휘발성 냄새 성분 때문에 일어나는 식물-식물 상호작용은 어떻게 막아야 할까? 마지막으로 뿌리를 통해 A 식물에서 B 식물로 스트레스 신호가 전달된다면 과연 그 신호물질은 무엇일까? 이제부터 이 네 가지 질문에 대한 답을 이야기해보겠다.


## 첫 번째 과제: 어떤 스트레스를 줄까?

앞서 소개한 영국 연구자들은 진딧물을 이용해 균근 네트워크를 증명했다. 우리는 실험을 시작할 때 스트레스 요인으로 여러 가지를 두고 고민했다. 물론 실험실에서 늘 키우고 있어 바로 실험할 수 있는 진딧물을 이용할 수 있었다. 하지만 실험실 여건상 진딧물을 관리하기가 너무 힘들어 초기에 후보에서 제외했다. 다음으로 병원성 미생물을 이용할까 생각해봤다. 하지만 여기에도 문제가 있었다. 이 실험에서 가장 좋은 조건은 잎에만 병원균이 있고, 신호가 잎에서 뿌리로 전달되면 이 신호가 A 식물 뿌리에서 옆에 있는 B 식물의 뿌리로 전달되는 것이다. 하지만 어려운 문제가 있었다. 세균은 너무 작아 옆에 있는 식물체로 쉽게 옮겨가 병이 나게 할 수 있다는 점이다. 식물이 병에 걸렸을 때 다른 식물에게 신호만 전달해주기를 기대하는데 그 병원균 때문에 옆에 있는 식물이 병에 걸리면 여러 모로 무척 힘들 것 같았다.

이런 문제를 모두 극복하기 위한 방법으로 우리가 생각한 것은, 실제 병원균은 아니지만 식물이 병들었을 때와 똑같이 면역력을 발휘하도록 만드는 화학물질이었다. 과연 그런 물질이 있을까? 이 정도에서 앞에서 소개한 벤조티아디아졸BTH이 떠오르는 독자가 있다면 과학자가 될 충분한 자질이 있다고 말하고 싶다. 그렇다. 식물 면역을 유도하는 BTH를 처리하면 병이 나지 않으면서도 병원균 때문에 일어나는 면역반응과 비슷한 반응이 일어나기 때문에 이 실험에 사용할 수 있다. 다만 BTH가 뿌리로 흘러가면 안 되기 때문에 조심조심하며 잎에만 처리했다. 이렇게 첫 번째 문제는 해결했다. 이제 두 번째 문제로 넘어가보자.

## 두 번째 과제: B 식물에 신호가 전달되었다는 것을 어떻게 쉽게 알 수 있을까?

앞에서 설명한 내용을 떠올려보자. BTH를 처리하면 식물에 강력한 면역 반응이 일어나고 식물은 여러 병원균을 막을 수 있는 능력을 갖게 된다. 스파이더맨이 거미에 물려 초능력을 갖게 되는 것과 비슷한데, 여기에는 대가가 따른다. 식물의 면역반응이 너무 강하게 발현되면 식물의 크기가 작아지는 부작용이 생긴다. 하지만 우리에게는 식물의 크기보다 우리가 세운 가설을 증명하는 것이 더 우선이어서 이 부분은 신경 쓰지 않기로 했다.

한 가지 문제가 더 있었는데, BTH를 A 식물에 처리한 다음 B 식물에 신호가 전달되는 것을 우리가 어떻게 알아낼 수 있을까? 쉽게 눈에 띄는 식물의 반응이 있어야 한다. BTH에 의해 A 식물의 면역이 증가하고 이 신호가 B 식물로 전달된다면 B 식물에도 비슷하게 면역의 증가가 일어날 것이라 예상할 수 있다. B 식물에 식물병을 접종했을 때 신호를 받아 면역이 일어난다면 식물은 건강이 유지될 것이고, 그렇지 못하다면 식물은 병이 나 죽을 것이다. 이러한 현상이 눈에 잘 띄면 더할 나위 없이 좋을 것이다. 그래서 선택한 병원균이 앞에서 소개한, 풋마름병을 일으키는 세균 랄스토니아다. 보통 식물이 말라 죽을 때는 잎이 누렇게 변하지만 풋마름병은 말라 죽는 병임에도 이름 그대로 잎은 푸르다. 식물의 뿌리로 침입한 랄스토니아가 물관을 막기 때문에 잎은 푸르지만 곧 시들어버린다. 이 병은 청고병이라고도 한다. 푸르게 말라 죽는 병이라는 뜻인데, 병 이름이긴 하지만 풋마름병이 훨씬 정겨운 느낌이 든다.

여담이지만 최근 우리나라에서 풋마름병으로 인한 피해가 갈수록 커지고 피해 면적도 넓어지고 있다. 이 병은 가짓과로 알려진 식물들인 토마토, 고추, 가지, 담배 등에 주로 피해를 입히는데, 문제는 해결책이 마땅치 않다는 점이다. 세균이 일으키는 병이라고 항생제를 토마토 밭에 뿌릴 수는 없다. BTH가 있긴 하지만, 이전에도 말했듯이 식물이 잘 자라지 못하는 약해를 극복하지 못한다면 농업현장에서 사용하기는 힘들다.

우리는 실험에 풋마름병이 잘 생기는 야생담배를 모델 식물로 사용했다. 그리고 BTH를 미리 일주일 동안 담뱃잎에 처리하면 풋마름병의 증세가 거의 없거나, 있더라도 심하게 마르지 않는 것을 관찰했다. 만약 뿌리에서 뿌리로 면역신호가 전해진다면 BTH를 처리한 A 식물뿐 아니라 바로 옆에 있는 B 식물도 병이 발생하지 않아야 할 것이다.


## 세 번째 과제: 잎에서 잎으로 전해지는 신호를 차단하라!

그런데 해결해야 할 문제가 또 있다. BTH를 A 식물의 잎에 처리하면 잎에서 다량의 휘발성 물질이 나오고 이 휘발성 물질이 바로 옆에 있는 B 식물로 옮겨가면서 그 식물 역시 면역반응을 보이게 된다. 그렇다면 옆에 있는 이 식물의 면역반응은 냄새신호 때문인가? 뿌리에서 뿌리로 전달된 신호 때문인가? 알 수가 없을 것이다. 뿌리에서 뿌리로 신호가 전달된다는 사실을 증명하려면 어떻게든 흙 바깥의 잎에서 벌어지는 일을 제외시켜야 한다. 어떻게 해야 할까?

처음에는 냄새가 뿌리로 스며들지 않도록 비닐 같은 물질로 완벽하게 막아보려고도 했고, 스티로폼이나 비닐로 화분의 위쪽, 흙이 노출되어 있는 부분을 덮어보기도 했다. 이렇게 여러 가지 시도를 해본 끝에 도달한 답은 선풍기였다. 여름에 선풍기 바람을 쐬고 있던 중 "유레카!"라고 외칠 뻔했다. 방법은 이렇다. 기다란 화분 하나에 일렬로 야생담배를 심고서 한쪽 끝에 있는 야생담배 잎에만 BTH를 처리하고 반대쪽 끝에 있는 야생담배 옆에 선풍기를 켜놓는다. 이렇게 하면 야생담배에 처리한 BTH 때문에 주위로 냄새가 풍기더라도 바로 옆에 있는 야생담배로는 바람이 역류하지 않는 한 도달하지 않을 것이다. 이 아이디어를 떠올리고는 얼마나 기뻤는지 모른다. 선풍기 하나로 모든 것이 해결된 것이다.

이제 실험을 시작하면 되겠다 싶어 야생담배를 화분에 심어보니 또 다른 문제가 발생했다. 야생담배는 성장이 빠르기 때문에 본격적으로 실험할 때쯤이면 서로 잎과 잎이 닿을 정도로 자란다는 사실을 생각하지 못한 것이다. 이렇게 되면 잎과 잎이 직접 접촉하여 BTH에 의해 만들어진 물질이 전달될 수 있다. 이 문제도 해결해야 했다. 고민 끝에 우리는 1.5리터 페트병의 윗부분을 잘라 깔때기처럼 만들어 거꾸로 식물체에 씌웠다. 이 상태로 식물을 키워보니 식물과 식물끼리 잎이 닿는 문제를 해결할 수 있었다. 이제 진짜로 실험만 하면 된다.

우리는 선풍기와 페트병 깔때기를 준비한 후 본격적으로 실험을 시작했다. 먼저 긴 화분에 야생담배를 일렬로 심은 다음 마지막 야생담배의 잎에만 BTH를 처리하고 첫 번째 야생담배 옆에 선풍기를 틀어주었다. 물론 각 야생담배들의 잎이 서로 닿지 않도록 페트병 깔때기도 모두 씌워주었다. 일주일이 지나서 모든 식물체에 풋마름 병원균을 뿌리에 물 주듯이 뿌려준 다음 1~2주일간 병의 증상을 관찰했다. 예상했던 대로 BTH를 처리하지 않은 식물체에서는 풋마름병이 발생해 천천히 말라 죽기 시작했고, BTH를 처리

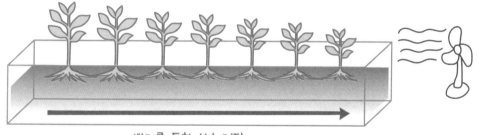

뿌리를 통한 신호 전달

선풍기를 통해 잎에서 잎으로 전해지는 신호를 차단했다.

한 식물체에는 풋마름병 증상이 거의 나타나지 않았다. 또한 BTH를 처리한 야생담배로부터 떨어져 있을수록 풋마름병의 증상이 심해졌다. 이를 통해 무엇인가가 뿌리로 전달되어 옆에 있는 식물체에 경고의 신호를 보내고 있다는 가설을 세울 수 있었다. 그다음 질문은 과연 그 신호가 무엇인가 라는 것이었다.

## 네 번째 과제: 뿌리 사이의 대화에서 사용되는 신호물질은 무엇일까?

지금까지 비슷한 실험을 한 많은 이들 역시 식물이 곁에 있는 다른 식물에 전달하는 신호물질을 찾으려 노력했지만 좋은 결과를 얻지 못했다. 2013년 애버딘대학의 존슨 연구팀도 이 신호물질을 찾으려고 실험을 진행했다. 진딧물이 콩을 공격하면 콩잎이 메틸살리실산을 발산하여 주위에 있는 식물들에 경고의 신호를 보낸다. 이 물질은 아스피린의 휘발성 형태의 화합물로서 살리실산의 기체 형태 물질이다. 냄새는 파스를 뿌릴 때 나는 냄새와 같다. 곁에 있는 식물이 이 물질을 인식하면 진딧물에 대한 독소물질을 생산해 진딧물의 공격에 대비한다. 또 한편으로 메틸살리실산은 진딧물의 천적이 되는 곤충을 불러들여 이이제이以夷制夷의 역할도 담당한다.

다시 우리 실험으로 돌아오자. BTH를 처리한 식물의 뿌리에서는 어떤 물질이 생성되기에 옆에 있는 식물에 풋마름병에 대한 저항성이 생기는 걸까? 이를 알아내기 위해서는 먼저 BTH를 잎에 처리한 후 뿌리에서 나오는 물질을 모으는 것이 중요했다. 그렇지만 흙속에 있는 물질을 모으는 건 불가능하다. 더욱이 흙속에 녹아 있는 물질이 뿌리에서 나온 물질인지 원래부터 있던 물질인지 어떻게 구분한단 말인가? 흙속에 스며든 신호물질을 찾아내기란 여간 힘든 일이 아니다. 그렇지만 고민을 계속하다 보면 해결책이 나온다. 우리가 뿌리에서 나오는 물질만을 온전히 수집하기 위해 선택한 방법은 수경재배였다. 흙에 녹아든 물질보다 작정하고 조건을 맞춰준 물에 녹아든 물질을 찾아내는 것이 훨씬 수월하다.

수경재배한 야생담배 잎에 BTH를 처리한 후 1~2주 지난 뒤 이 액체를 BTH를 처리하지 않은 야생담배가 자란 액체와 비교해보았다. 재미있게도 메틸살리실산의 액체 형태인 살리실산이 BTH를 처리한 뿌리에서 세 배 이상 많이 분비되었다. 앞에서도 소개했지만 외부 자극에 저항하기 위해 식물이 갖고 있는 신호전달 체계 중에서 미생물에 대한 저항성은 살리실산이 맡고 있다. 덧붙이자면 곤충에 대한 저항성은 자스몬산 담당이다. 사실 이 살리실산이 잎에서 만들어져서 뿌리로 전달된 것일 수도 있고, 또 다른 신호가 있어서 잎에서 뿌리로 전달된 후 이 신호에 의해 뿌리에서 살리실산이 만들어질 가능성도 아직까지는 배제할 수 없다. 하지만 우리는 뿌리에서 생산된다고 생각한다.

다음으로 우리는 뿌리에서 생산되는 살리실산의 농도가 옆에 있는 식물에 풋마름 병원균이 침입하는 것을 막을 수 있을 만큼 충분한지 확인해봤다. 뿌리에서 생산되는 살리실산의 농도는 1밀리리터당 10마이크로그램$^{\mu g/ml}$ 정도인데, 이 농도로 식물 뿌리에 처리하니 풋마름 병원균에 대한 저항성이 생겨 병에 걸리지 않음을 확인했다. 하지만 이 농도를 풋마름 병원균에 직접 처리하면 병원균을 죽이지 못한다. 다시 말해 1밀리미터당 10마이크로그램의 살리실산은 식물에 면역을 유도하기에는 충분한 농도지만, 병원균을 죽이기에는 충분하지 않은 농도다. 정리하자면 잎에 BTH를 처리하면 신호가 뿌리로 전달되어 뿌리에서 살리실산이 만들어지고 이 살리실산이 옆에 있는 B 식물에 전달되어 새롭게 면역이 유발된다. 이렇게 유발된 면역에 의해 풋마름병의 침입을 막을 수 있다.


## 서로를 보살피는 식물들

생물학에서 가장 중요한 요소 중 하나가 생물학적 유효성이다. 우리가 실험실에서 관찰한 것을 자연에서도 실제로 볼 수 있는가와 관련 있는 요소다. 우리 실험에 이 요소를 적용해보면 '뿌리에서 뿌리로 신호가 전달되는 현상이 자연에서도 일어나는가?'라고 질문할 수 있다. 이 질문에 답하려면 인공적인 BTH 대신 자연상태에서 잎에 발생하는 병 가운데 BTH와 비슷한 현상을 일으키는 병원균을 찾아 동일한 조건에서 동일한 실험을 하면 된다. 이렇게 해서 이용한 세균이 슈도모나스 시링가에다.

우리는 콩잎에 반점병을 일으키는 세균인 슈도모나스 시링가에를 잎에 찌른 후 그 뿌리와 그 옆에 있는 식물체의 뿌리에 다시 풋마름병을 접종했다. 이때 슈도모나스 시링가에를 처리한 건 BTH를 처리한 것처럼 식물에 면역이 유도되고 뿌리에서 살리실산이 분비되도록 하기 때문이다. 실험결과 자연상태의 병원균을 처리해도 BTH를 처리했을 때와 비슷하게 풋마름병을 이겨냈고, 병원균과의 거리에 따라 병의 진전에 차이가 나타났다. 이로써 자연상태에서도 식물은 신호를 전달해 주위에 있는 식물체가 자신과 비슷한 공격에 처했을 때 미리 대비하도록 한다는 사실을 증명할 수 있었다. 가까이에 있는 친구들에게 자기가 당한 고통을 이야기하고, 있을지 모르는 공격에 대비하도록 하는 것이다.

식물은 자신이 공격을 받으면 주위에 있는 식물들에게 알리는 방향으로 발달했다. 이런 이타적인 행동양식에서 우리들은 무엇을 배울 수 있을까? 개인적인 결론을 이야기하자면, 식물은 자신을 개별적인 개체로 인식하기보다 커다란 생태계 안의 한 부분으로 인식하기 때문에 자신의 고통을 다른 개체에게 전달하게끔 발달한 것 같다. 우리가 BTH를 처리한 야생담배에서 관찰한 살리실산은 야생담배 외에도 대부분의 육상식물에 비슷하게 면역을 유도할 수 있는 식물 호르몬이다. 이 의미는 같은 종이 아니더라도 다른 식물에게까지 이타성을 발휘할 수 있다는 것이다.

인간이라는 단일종은 자신을 전체 생태계의 일부가 아니라 생태계 전체의 지배자로 발달시켰다. 인간은 식물이 보여주는 이타성에서 큰 교훈을 찾아야 한다.

또 하나 강조하고 싶은 것은 과학 한다는 것의 자세다. 영화 〈아바타〉에서 시작한 작은 호기심이 식물 뿌리들 사이의 신호전달의 비밀을 밝혀냈다.

과학의 출발이 책이나 논문 속에만 있는 게 아니라 열린 마음을 가진 과학자가 보는 모든 것에 있다는 점을 다시 한 번 느낀다. 영화와 현실은 그리 큰 차이가 없다! 호기심과 그것을 채울 열정만 있다면 말이다.

# 맺음말

지금으로부터 20여 년 전 우연히 만나게 된 세균 콜로니 하나가 내가 이 책을 쓰게 만들었다는 것을 생각하면 신비롭기 그지없다. 지금도 그날 세균의 초대장을 생각하면 가슴이 벅차오른다.

1997년 2월 설날, 나는 그날도 대학원 실험실에 밀린 실험을 하러 들어갔다. 설날이라 건물이 모두 잠겨 있어 경비 아저씨에게 들여보내달라고 사정을 해야 했다. 실험실은 그렇게 들어갔지만 사실 실험은 6개월 동안 아무 성과가 없었다. 무거운 마음으로 세균이 자라는 배양기의 문을 열었다. 당시나는 섭씨 10도 정도의 낮은 온도에서 식물의 뿌리에 살며 식물을 잘 자라게 하는 세균을 찾고 있었다. 우리나라 사람이라면 사시사철 많이 먹는 풋고추 때문이었다.

우리나라에서 겨울철에 풋고추를 생산하려면 남부 지방이라도 난로를 켜서 적정온도를 유지해야 한다. 그런데 땅속 온도는 높일 방법이 없어 고추의 뿌리 발육이 좋지 않다. 그래서 나는 10도 이하의 낮은 온도에서 식물 뿌리와 함께 잘 자라며 식물도 잘 자라게 하는 생물비료를 찾고 있었다. 그러자면 우선 낮은 온도에도 잘 사는 식물을 찾아야 했는데, 당시 내 지식으로 겨울철에 살아 있는 식물은 소나무와 밀, 보리뿐이었다. 보통 우리나라에서는 11월이 되면 벼를 수확한 논이나 고추를 수확한 밭에 보리나 밀을 뿌린다. 이렇게 뿌린 보리나 밀은 바로 싹이 나고, 12월이 지나며 날씨가 더추워지면 따뜻한 봄이 올 때까지 겨울잠을 잔다. 소나무 뿌리에서 세균을 찾기란 쉽지 않아서 나는 남부 지방 곳곳의 보리밭과 밀밭을 2년 넘게 헤매고 다녔다.

1996년부터 보리와 밀에서 분리한 3,000개 이상의 세균을 가지고 녀석들이 식물 뿌리에 붙어서 잘 자라는지, 식물은 잘 자라게 하는지를 기준으로 삼아 관찰했다. 그렇지만 내가 찾는 세균은 하나도 없었다. 그렇게 몇 달을 보내면서 해가 바뀌었고, 설날에도 실험실에 혼자 나와 똑같은 실험을 부질없이 반복하고 있었다. 그렇게 설날 연휴가 지났다. 항상 그랬듯 실험실에 들어가 실험결과를 확인했는데, 순간 온몸에 전기가 흐르는 듯했다.

내가 찾던 그 세균이 콜로니를 만들고 나를 기다리고 있었던 것이다. 전라남도 바닷가 마을에 자라던 보리의 뿌리에서 찾은, E681이라고 이름 지었던 세균이다.

실험에 계속 실패하면서, 취직 대신 선택한 석사과정이 내 인생에 아무 도움이 못 될 것 같다는 두려움과 미래에 대한 불안에 시달리며 잠도 못 이루던 시절이었다. 지금 생각하면 E681과의 만남은 내 인생이라는 물줄기의 큰 변곡점이 되었던 것 같다. 당시 느꼈던 그 전율이 내가 지금까지 과학을 할 수 있는 큰 힘이 되었다. 말로 설명할 수 없는 자연의 비밀을 조금 엿본 듯한 느낌으로 다시 몇 날 밤을 흥분 속에서 보냈다.

왜 하필 설날에 혼자서 실험할 때 그 배지 위에 있던 수백 개의 콜로니 가운데 E681이 내 손에 들려 있던 이쑤시개 끝에 묻어 나왔는지 아직도 잘 모르겠지만, 이런 기막힌 우연은 그다음에 펼쳐질 내 인생을 결정지었다. E681 세균으로 석사학위를 받고 학자로서의 삶을 시작했으니 말이다. 지금 생각하면 우연을 가장한 신의 선물이 아닐까 싶기도 하다. 나는 마침 이렇게 식물을 잘 자라게 하는 세균들을 통칭하는 식물생장촉진근권세균을 연구하는 연구자들이 3년마다 개최하는 학회가 일본 삿포로에서 열리는 것을 알고 지도교수님을 졸랐다. 식물생장촉진근권세균이라는 단어를 만든 조셉 클로퍼 교수님을 만나고 싶어서였다. 책에서도 여러 번 소개한 분이다.

이미 몇 달 전에 클로퍼 교수의 실험실에서 박사과정을 하고 싶다고 연락을 했지만, 실험실에 사람이 많아서 받을 수 없다며 거절당한 상태였다. 그래도 내가 발견한 E681에 대한 결과를 직접 보여드리고 싶어 자료를 만들어 학회에 참석했고, 기쁘게도 학회에서 클로퍼 교수를 직접 만나 내 실험결과를 비롯해 여러 이야기를 나눌 수 있었다. 한편으로는 클로퍼 교수와 함께 학회에 참석한 교수님의 학생들을 보니 너무나 부러웠다. 하지만 이번에는 부러움으로 끝나지 않았다. 학회를 마치고 한국에 돌아와 몇 주가 지났을 때 클로퍼 교수로부터 연락이 왔다. E681 세균에 대한 실험결과가 인상적이었다는 평가와 함께 자기 실험실에서 박사과정을 밟아보자는 내용이었다. 세균 하나가 내 꿈을 이루게 한 것이다. 학부 성적이 좋지 않았던 나는 31개월 동안 해군으로 복무한 후 미국에서 박사학위를 받으면 좋겠다는 꿈을 가지고 석사과정을 시작했다. 그리고 드디어 세균 콜로니 하나로 미국 유학을 가게 된 것이다.

물론 큰 기대를 안고 시작하긴 했으나 결코 쉽지 않은 시간들이었다. 진도는 너무 빠르고 숙제는 정말 많은데 영어의 벽까지 높아 엄청난 스트레스를 받아야 했다. 이런 내가 유일하게 편안했던 곳은 E681 같은 생장촉진세균을 식물에 처리하고 잘 자라는지 관찰하는 온실이었다. 수업을 마치면 미친 듯이 온실로 달려가 실험에 집중했다. 내가 맡은 실험을 잘해서 나를 선택해준 클로퍼 교수에게 좋은 결과로 보답해야 한다는 생각에 사로잡혀 있었다. 실험에 대한 집중은 나 자신에게도 보상이 되어주었다. 온실에서

E681 외에도 미국과 전 세계에서 온 생장촉진세균들을 직접 실험할 수 있는 호사를 누렸으니 말이다.

클로퍼 교수는 늘 "너의 연구를 통해 얻은 모든 기술은 다시 농부에게 돌아가야 한다"고 입버릇처럼 말씀하셨다. 이 철학은 과학자이자 농학자로 살아가는 내게 바뀌지 않을 인생의 이정표가 되었다. 이 말은 지금 당장은 샬레를 들여다보고 온실 속에서 실험하고 있더라도 마지막 목표는 항상 농민들이 땡볕에서 일하고 있는 논과 밭이라는 것을 잊지 않게 해준다. 이 말을 가슴에 품고서 나는 미국 남부의 목화밭, 땅콩밭, 토마토밭을 누볐고, 실제 농업현장에서 이루어지는 포장실험을 통해 실험실에서 발견한 세균을 어떻게 밭에 적용할 수 있을지 고민했다. 직접 밭으로 나가면 농민들의 생각과 고민, 그리고 생장촉진세균들을 농업현장에 적용하기 위해 분투하는 기업들의 생각과 어려움을 몸으로 느낄 수 있다.

하지만 모든 게 만족스러운 것은 아니었다. 박사과정을 진행하며 세균에 대한 이해는 높아갔지만 세균에 반응하는 식물에 대한 공부가 부족하여 늘 갈급함을 느꼈다. 나는 '어떻게 그 작은 세균이 그렇게 큰 식물을 잘 자라게 할 수 있을까?'라는 질문에 답을 할 수 없어 괴로웠다. 이러한 갈급함은 2001년 말 박사과정을 마친 후 식물 연구소로 유명한 노블재단에서 박사후 연구원으로 식물 자체를 연구하도록 만들었다. 생장촉진세균 연구를 계속해보자는 클로퍼 교수의 고마운 제안을 뒤로하고 온 가족을 데리고 아무 연고도 없고 가본 적도 없는 오클라호마 주로 향했다. 1박 2일 동안 미국 남부를 동에서 서로 가로지르는데 석사과정 때의 암울함과 두려움이 다시 떠올라 운전대를 잡고 있던 손에 땀이 나기도 했다. 그럴 때마다 E681을 발견했을 때 느낀 흥분을 다시 떠올리며 노블 재단에서도 그런 순간이 반드시 있을 거라고 마음을 다잡곤 했다. 그런데 또 한 번 기막힌 우연을 만나게 되었다. 노블 재단에서 1년을 보내다 한국에 잠깐 들어올 일이 있었다. 당시 비슷한 실험을 하고 있던 한국생명공학연구원의 한 실험실이 초청하여 세미나를 하게 된 것이다. 세미나는 식물 유전자의 기능에 대한 것으로 당시 한창 유행이던 RNA 간섭(RNAi)에 관련된 내용이었다. 세미나를 마치고 나오는데 누군가 내 손을 잡고 말을 걸었다. 그리고 그분으로부터 예상치 못한 E681의 소식을 듣게 되었다. 내가 미국으로 떠난 후 이 세균의 유전자지도를 밝히기 위해 5년 넘게 고생하고 있는 실험실이 있었던 것이다.

이 실험실에서 E681의 유전자지도에 관심을 가졌던 이유는 이 세균이 땅속에서 식물을 잘 자라게 하기 위해 다양한 식물 호르몬을 만들어낼 뿐 아니라 식물을 공격하는 여러 병원성 세균과 곰팡이를 죽이는 물질을 만들어낼 수 있기 때문이다. 더불어 E681은 요즘 문제가 심각한, 슈퍼 박테리아로 불리는 다재내성균을 치료할 수 있는 폴리믹신이라는 항생제를 만들어내기 때문에 농업뿐 아니라 의학에서도 중요한 세균이 되었다고 한다. E681의 유전자지도를 완성한 후 이 실험실에서는 기능 연구를 위해 이 균주를 처음 찾아낸 나를 수소문하고 있었는데, 여기서 이렇게 만나게 되었다고 말했다.

참으로 기막힌 우연이 아닐 수 없었다. 나는 한국생명공학연구원 방문을 계기로 식물만을 연구하는 노블 재단에서의 프로젝트를 뒤로하고 다시 식물생장촉진세균을 연구하기 위해 한국으로 돌아왔다. 이후 E681이 인체의 병원성세균에 대항하는 항생물질을 생산한다는 결과가 인연이 되어 새로운 항생제를 만드는 일로 내 연구범위가 넓어졌다. 물론 노블 재단에서 진행했던 식물 관련 프로젝트는 내가 식물생장촉진세균과 식물과의 상호작용을 연구할 때 사고의 폭을 넓히는 데 여전히 중요한 역할을 하고 있다.

뒤돌아보면 우연히 발견한 세균 하나가 마치 운명처럼 20여 년의 세월을 거쳐 나를 지금의 이 자리까지 이끌었음을 알 수 있다. E681과 동행하며 많은 새로운 발견들과 함께할 수 있었고, 전 세계의 많은 과학자와 교류하며 균형 잡힌 과학자가 될 수 있었다. 또 세균과 식물의 상호작용을 넘어서 곤충과 식물, 곤충과 세균과의 상호작용으로까지 연구범위를 넓힐 수 있는 힘을 부어주었다. 원고를 다 쓰고 맺음말을 쓰자니 미생물과 식물과 함께한 지난 시간이 모두 떠오르는 신기한 경험을 하고 있다. 이 글을 쓰기까지의 개인적인 이야기를 쏟아내자면 끝도 없겠지만, 일단 이쯤에서 마무리하겠다.

많은 우여곡절 끝에 14편의 이야기를 세상에 내놓았다. 처음 쓰기 시작한 지 2년이 지났다. 개인적으로 너무나 좋아하는 이야기들이어서 자세히 쓰는 바람에 글이 길어진 듯한 느낌도 있다. 놀랄지도 모르겠지만 여기에 실린 이야기를 이해한다면 조금 과장되게 표현해서 바로 대학원 과정을 시작해도 된다. 같은 책을 두 번 세 번 더 읽으라고 권유하지는 못하겠지만, 재미가 있었다면 꼭 다시 한 번 읽어보시기를 바란다.

이 책을 쓰면서 머릿속에 계속 맴돈 구절이 있었다. 사서삼경 중 《역경》에 나온 유명한 구절로, 생물학을 전공한 과학자인 내게 성경 다음으로 영감을 준 구절이다.

窮卽變(궁즉변)

變卽通(변즉통)

通卽久(통즉구)

久卽生(구즉생)

3,000년 전 중국의 현자들은 생명은 궁함을 극복하기 위하여 변해야 한다고 보았다. 변하다 보니 통하고, 통하다 보니 오래 가고, 오래 간 것이 결국 생명의 근본이라 생각했다. 식물도 마찬가지다. 식물은 궁함을 극복하기 위한 변함의 과정에서 살아남았다. 식물은 오랫동안 지구에서 지내며 지구에서 살아가고 있는 생명의 중요한 특징을 고스란히 유지하고 있다. 이 책에서 다룬 내용 중 대부분은 미생물이나 곤충에 의한 스트레스라는 식물의 '궁함'과 이를 극복하기 위한 식물의 '변함'에 대한 이야기다. 반대로 식물의 '궁함'이었으나 식물과 함께 적응하여 식물에게 도움을 주는 '변함'이 된 미생물의 이야기이기도 하다. 미생물의 입장에서도 식물은 처음부터 같이 잘 지내기에는 힘든 상대였을 터이므로 '궁함'을 만드는 대상이었을 것이다. 그러나 식물을 만나 변화하고 오랫동안 버티고 살아남아 지구상의 하나의 생명체로 자리 잡을 수 있었다. 결국 식물과 미생물 그리고 곤충들은 서로의 '궁함'을 메꿔줄 대상으로 때로는 경쟁하고 때로는 협력하며 살아가고 있다.

지난 20여 년을 되돌아보면 감탄의 연속이다. 눈에 보이지 않아서 무시했던 식물과 미생물 그리고 곤충 사이의 상호작용들 때문이다. 나는 가끔 만물의 영장이라며 자만하는 인간에게 연민을 느낀다. 생태계라는 큰 그림에서 보면 인간도 하나의 구성요소에 지나지 않으니 말이다.

책에서 계속 이야기했지만 상호작용에서 가장 중요한 요소는 균형이다. 표면에 한 종류의 세균이 너무 많이 늘어나는 미생물종의 불균형을 식물은 좋아하지 않는다. 단기적으로는 병원균이 식물을 공격하여 영양분을 흡수하는 데 성공할 때도 있지만, 식물은 계속해서 그렇게 하도록 내버려두지 않는다. 이들은 곧 세균의 밀도를 줄이는 작업을 시작한다. 오랜 세월 동안 세균과 식물은 적당한 선에서 서로의 이익을 공유하며 같이 살아가는 방법을 찾아냈다. 서로 양보하면서 말이다. 한 종의 병원균은 전체 미생물종에 비하면 극소수이긴 하지만 우리들이 흔하게 마주치는 대부분의 식물들은 여러 미생물과 균형을 유지하면서 살고 있다. 다른 생명과 어울리며 싹을 내고 자라 꽃을 피우고 종자를 맺은 후 깨끗하게 다음 세대에 자리를 내주는 삶을 계속하고 있다. 그런데 인간만은 자연의 가장 단순한 이치를 무시하며 산다. 겸손 대신 독선과 아집으로 가득 찬 이기주의로 자연을 대하고 다른 사람을 대한다. 아무리 인류가 수천 년 동안 온갖 지식을 쌓아 올렸다 해도 들판에서 피었다가 지는 이름 없는 들꽃보다 훌륭하다고 할 수 있을까? 최근 과학이 발전하면서 이전에 몰랐던 많은 병의 원인들이 사람과 상호작용하는 미생물의 불균형 때문이라는 사실이 밝혀지고 있다. 책에서 살펴보았듯이 식물학계에서는 병원균이 있더라도 균형을 유지하면 병이 나지 않는다는 기본 생각을 가지고, 병원균을 죽여 식물을 건강하게 하는 것이 아니라 식물과 병원균이 균형을 지켜 건강을 유지하는 방법을 연구해 농업현장에 적용하고 있다.

우주의 모든 것이 무질서도가 증가하는 쪽으로 향한다는 엔트로피의 법칙을 증명이라도 하듯 산업화와 과학의 발전이란 명목으로 인간은 점점 더 자연의 균형을 깨뜨리는 쪽으로 달려가고 있다. 이 책을 읽으셨다면 책에서 이야기한 식물과 미생물과 곤충의 상호작용에서 작은 교훈이라도 기억해주면 좋겠다. 인간이 역사를 기록하기 이전부터 있었던 기나긴 시간이 지금 우리에게 주는 그 교훈을 우리는 깊이 생각해야 한다. 지금 멸종한 식물이나 미생물과 곤충들은 대부분 이러한 교훈을 무시한 종이었을 것이다. 궁함이 왔을 때는 빨리 자신을 바꾸어 적응해야 한다.

지구를 잘못 사용한 대가로 인간은 다양한 궁함에 직면해 있다. 2018년 유난히 더웠던 여름과 1년 내내 대기에 스며든 미세먼지만 보더라도 지구(자연)는 우리에게 변화를 요구한다. 그것도 근본적인 변화를 말이다. 균형을 이루며 같이 사는 방법을 고민할 때가 된 것이다. 모두가 이런 생각을 가지고 다른 식물과 다른 생명체와의 공존을 생각한다면 변화를 위한 재료를 찾을 수 있지 않을까?

이제 공을 여러분에게도 넘긴다. 제발 지구를 사랑하고 식물을 사랑해주길 바란다. 그 속에 있는 눈에 보이지 않는 좋은 미생물, 나쁜 미생물, 이상한 미생물까지 함께….

한 해를 시작하는 즈음에

류충민

# 참고문헌

## 1장 미생물 교실 101

George Agrios, 2005. Plant Pathology.

## 2장 화성에서 감자 심기

van Nood E, Vrieze A, Nieuwdorp M, Fuentes S, Zoetendal EG, de Vos WM, Visser CE, Kuijper EJ, Bartelsman JF, Tijssen JG, Speelman P, Dijkgraaf MG, Keller JJ. 2013. Duodenal infusion of donor feces for recurrent Clostridium difficile. N Engl J Med. 368(5):407-15.

Piewngam P, Zheng Y, Nguyen TH, Dickey SW, Joo HS, Villaruz AE, Glose KA, Fisher EL, Hunt RL, Li B, Chiou J, Pharkjaksu S, Khongthong S, Cheung GYC, Kiratisin P, Otto M.2018. Pathogen elimination by probiotic Bacillus via signalling interference. Nature. 2562(7728):532-537.

Kwak MJ, Kong HG, Choi K, Kwon SK, Song JY, Lee J, Lee PA, Choi SY, Seo M, Lee HJ, Jung EJ, Park H, Roy N, Kim H, Lee MM, Rubin EM, Lee SW, Kim JF. 2018. Rhizosphere microbiome structure alters to enable wilt resistance in tomato. Nat Biotechnol. doi: 10.1038/nbt.4232. [Epub ahead of print]

## 3장 폭탄을 주고받는 식물과 미생물

Jones JD, Dangl JL. 2006. The plant immune system. Nature. 444:323-9.

Xin XF, Kvitko B, He SY. 2018. Pseudomonas syringae: what it takes to be a pathogen. Nat Rev Microbiol. 16:316-328.


## 4장 스스로 인구를 조절하는 세균들

Hastings JW, Greenberg EP. 1999. Quorum sensing: the explanation of a curious phenomenon reveals a common characteristic of bacteria. J Bacteriol. 1999 May;181(9):2667-8.

Pirhonen M, Flego D, Heikinheimo R, Palva ET. 1993. A small diffusible signal molecule is responsible for the global control of virulence and exoenzyme production in the plant pathogen Erwinia carotovora. EMBO J. 12:2467-76.

Fuqua WC, Winans SC, Greenberg EP. 1994. Quorum sensing in bacteria: the LuxR-LuxI family of cell density-responsive transcriptional regulators. J Bacteriol. 1994 Jan;176(2):269-75.


## 5장 적과의 동침: 식물을 먹으려고 서로 돕는 미생물과 곤충

Heil M. 2008. Indirect defence via tritrophic interactions. New Phytol. 178(1):41-61.

Shapiro LR, Paulson JN, Arnold BJ, Scully ED, Zhaxybayeva O, Pierce NE, Rocha J, Klepac-Ceraj V, Holton K, Kolter R. 2018. An Introduced Crop Plant Is Driving Diversification of the Virulent Bacterial Pathogen Erwinia tracheiphila. MBio. 9(5). pii: e01307-18.

Chung SH, Rosa C, Scully ED, Peiffer M, Tooker JF, Hoover K, Luthe DS, Felton GW. 2013. Herbivore exploits orally secreted bacteria to suppress plant defenses. Proc Natl Acad Sci U S A. 110:15728-33.

## 6장 인간의 경쟁자 미생물: 적으로 적을 잡는 이이제이 전략

Chung J-H, Ryu C-M. 2016. Disease Management in Road Trees and Pepper Plants by Foliar Application of Bacillus spp. Res. Plant Dis.. 22:81-93.

Ryu, C.-M., Shin, J. N., Wang, Q., Mei, R., Kim, E. J., and Pan, J. G. 2011. Potential for augmentation of fruit quality by foliar application of bacilli spores on apple tree. Plant Pathol J 27: 164-169.

## 7장 질소고정세균은 친구인가 적인가

Cao Y, Halane MK, Gassmann W, Stacey G. 2017. The Role of Plant Innate Immunity in the Legume-Rhizobium Symbiosis. Annu Rev Plant Biol. 28;68:535-561.

Ferguson BJ, Mens C, Hastwell AH, Zhang M, Su H, Jones CH, Chu X, Gresshoff PM. 2019. Legume nodulation: The host controls the party. Plant Cell Environ. 42:41-51.

Van de Velde W, Zehirov G, Szatmari A, Debreczeny M, Ishihara H, Kevei Z, Farkas A, Mikulass K, Nagy A, Tiricz H, Satiat-Jeunemaître B, Alunni B, Bourge M, Kucho K, Abe M, Kereszt A, Maroti G, Uchiumi T, Kondorosi E, Mergaert P. 2010. Plant peptides govern terminal differentiation of bacteria in symbiosis. Science. 327:1122-6.

## 8장 식물의 보디가드를 자처하는 세균들

Kloepper JW, Leong J, Teintze M, Schroth MN. 1980. Enhancing plant growth by siderophores produced by plant growth-promoting rhizobacteria. Nature. 286:885–886.

Kwak YS, Weller DM. 2013. Take-all of Wheat and Natural Disease Suppression: A Review. Plant Pathol J. 29:125-35.

Weller DM, Raaijmakers JM, Gardener BB, Thomashow LS. 2002. Microbial populations responsible for specific soil suppressiveness to plant pathogens. Annu Rev Phytopathol. 40:309-48.

Wei G, Kloepper JW, Tuzun S. 1991. Induction of systemic resistance of cucumber to Colletotrichum orbiculare by select strains of plant growth-promoting rhizobacteria. Phytopathology 81:1508-1512.

## 9장 식물 면역을 높이는 방법: 너무 힘 빼지 말자!

M. Heil, A. Hilpert, W. Kaiser, K.E. Linsenmair. 2000. Reduced growth and seed set following chemical induction of pathogen defence: does systemic acquired resistance (SAR) incur allocation costs? J Ecol 88:645-654.

M. Heil, I.T. Baldwin. 2002. Fitness costs of induced resistance: emerging experimental support for a slippery concept. Trends Plant Sci, 7:61-67.

Verhagen BW, Glazebrook J, Zhu T, Chang HS, van Loon LC, Pieterse CM. 2004. The transcriptome of rhizobacteria-induced systemic resistance in Arabidopsis. Mol Plant Microbe Interact. 17:895-908.

Yi HS, Yang JW, Ryu CM. 2013. ISR meets SAR outside: additive action of the endophyte Bacillus pumilus INR7 and the chemical inducer, benzothiadiazole, on induced resistance against bacterial spot in field-grown pepper. Front Plant Sci. 2013 4:122.

## 10장 클로렐라 드셨습니까?

Kim MJ, Shim CK, Kim YK, Ko BG, Park JH, Hwang SG, Kim BH. 2018. Effect of Biostimulator Chlorella fusca on Improving Growth and Qualities of Chinese Chives and Spinach in Organic Farm. Plant Pathol J. 34:567-574.

## 11장 꽃의 색을 바꿔드립니다: 착한 바이러스 이야기

Roossinck MJ. 2011. The good viruses: viral mutualistic symbioses. Nat Rev Microbiol. 9:99-108.

Zhang T, Breitbart M, Lee WH, Run J-Q, Wei CL, Soh SWL, et al. 2006. RNA Viral Community in Human Feces: Prevalence of Plant Pathogenic Viruses. PLoS Biol 4(1): e3.

Márquez LM, Redman RS, Rodriguez RJ, Roossinck MJ. 2007. A virus in a fungus in a plant: three-way symbiosis required for thermal tolerance. Science. 315:513-5.

## 12장 식물도 소셜 네트워킹을 한다

Yang JW, Yi HS, Kim H, et al. 2011. Whitefly infestation of pepper plants elicits defence responses against bacterial pathogens in leaves and roots and changes the below-ground microflora. Journal of Ecology. 99:46–56.

Kong HG, Kim BK, Song GC, Lee S, Ryu CM. 2016. Aboveground Whitefly Infestation-Mediated Reshaping of the Root Microbiota. Front Microbiol. 7:1314.

Park YS, Bae DW, Ryu CM. 2015. Aboveground Whitefly Infestation Modulates Transcriptional Levels of Anthocyanin Biosynthesis and Jasmonic Acid

Signaling-Related Genes and Augments the Cope with Drought Stress of Maize. PLoS One. 10:e0143879.

Song GC, Lee S, Hong J, Choi HK, Hong GH, Bae DW, Mysore KS, Park YS, Ryu CM. 2015. Aboveground insect infestation attenuates belowground Agrobacterium-mediated genetic transformation. New Phytol. 2017:148-58.

Park YS, Ryu CM. 2014. Understanding cross-communication between aboveground and belowground tissues via transcriptome analysis of a sucking insect whitefly-infested pepper plants. Biochem Biophys Res Commun. 443:272-7.

## 13장 자연의 대화는 생각보다 복잡하다: 옥수수–선충–세균–곤충의 4자회담

Rasmann S, Köllner TG, Degenhardt J, Hiltpold I, Toepfer S, Kuhlmann U, Gershenzon J, Turlings TC. 2005. Recruitment of entomopathogenic nematodes by insect-damaged maize roots. Nature. 434:732-7.

Köllner TG, Held M, Lenk C, Hiltpold I, Turlings TC, Gershenzon J, Degenhardt J. 2008. A maize (E)-beta-caryophyllene synthase implicated in indirect defense responses against herbivores is not expressed in most American maize varieties. Plant Cell. 20:482-94.

Degenhardt J, Hiltpold I, Köllner TG, Frey M, Gierl A, Gershenzon J, Hibbard BE, Ellersieck MR, Turlings TC. 2009. Restoring a maize root signal that attracts insect-killing nematodes to control a major pest. Proc Natl Acad Sci U S A. 106(32):13213-8

Kaya HK, Gaugler R. 1993. Entomopathogenic nematodes. Annu. Rev. Microbiol. 38:181–206.

## 14장 지구의 에이와 나무

Babikova Z, Johnson D, Bruce T, Pickett JA, Gilbert L.2013. How rapid is aphid-induced signal transfer between plants via common mycelial networks? Commun Integr Biol. 6:e25904

van der Heijden MG, Horton TR. Socialism in soil? 2009. The importance of mycorrhizal fungal networks for facilitation in natural ecosystems. J Ecol. 97:1139–50.

Babikova Z, Gilbert L, Bruce TJA, Birkett M, Caulfield JC, Woodcock C, et al. 2013. Underground signals carried through common mycelial networks warn neighbouring plants of aphid attack. Ecol Lett. 16:835–43.

이 도서는 한국출판문화산업진흥원의 출판콘텐츠 창작 자금 지원 사업의 일환으로 국민체육진흥기금을 지원받아 제작되었습니다.

# 좋은 균, 나쁜 균, 이상한 균

똑똑한 식물과 영리한 미생물의
밀고 당기는 공생 이야기

1판 1쇄 발행 | 2019년 1월 31일
1판 6쇄 발행 | 2022년 11월 22일

지은이 | 류충민
펴낸이 | 박남주
펴낸곳 | 플루토

출판등록 | 2014년 9월 11일 제2014 - 61호
주소 | 10881 경기도 파주시 문발로 119 모퉁이돌 3층 304호
전화 | 070 - 4234 - 5134
팩스 | 0303 - 3441 - 5134
전자우편 | theplutobooker@gmail.com

ISBN 979 - 11 - 88569 - 10 - 6  03480

이 도서의 국립중앙도서관 출판시도서목록(CIP)은 서지정보유통지원시스템 홈페이지(http://seoji.nl.go.kr)와
국가자료공동목록시스템(http://www.nl.go.kr/kolisnet)에서 이용하실 수 있습니다.(CIP제어번호: CIP 2019001973)